U0034775

一本書讀懂物理

Physics

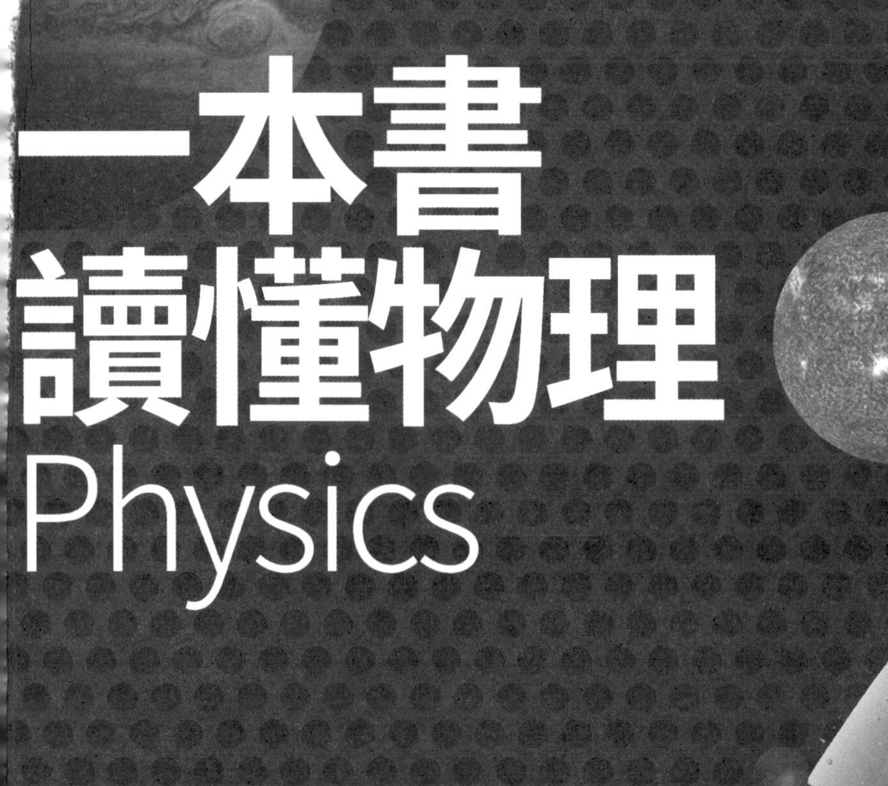

林珊◎著

原書名：關於物理的100個故事

前言

物理是一塊永遠在吸水的海綿

十九世紀末，德國一個名叫普朗克的小伙子要考物理系，後來成為他導師的教授連連搖頭：「小伙子，別誤入歧途啊！物理已經被人研究透徹了，你進去只能是拾人牙慧！」

一句話差點讓一個物理學天才放棄理想，幸好普朗克沒有妥協，終於發現了量子力學。

這說明在很多時候，我們以為的，只是自以為是而已。

還是拉塞福說得好，我們每個人都只是地球上孤陋寡聞的人，所見所想都是片面的，因而也沒有資格去評判，去武斷地下結論。

其實在物理學之初，這種武斷就一直存在。

在古希臘，出了兩個著名的物理學家——亞里斯多德和阿基米德，前者好理論，後者愛實驗，後來，教會覺得亞里斯多德的理論有利而對其加以推廣，結果阿基米德就沒落了。

亞里斯多德代表著古典物理學的權威，由於沒有人敢懷疑他的理論，導致他影響了歐洲物理界整整一千九百年。

十七世紀中葉，英國出現了一個名為牛頓的人，據說被蘋果砸中，因而發現了萬有引力定律，隨後又總結了力學三大定律，他用無可辯駁的實踐經驗和理論知識將古典物理學的框架擊得粉碎。

就這樣，經典物理學誕生了，而後的一系列學者不斷對其進行完善，終於蓋起了一座邏輯嚴密的物理殿堂。

在這個殿堂裡，牛頓是老大，地位不可動搖，人們狂熱地崇拜他，因而覺得物理再也沒有需要研究的可能。

如果不是普朗克和愛因斯坦等科學家的執著追求，物理學不會更進一步，量子力學和相對論也就不會產生。

因為人類孤陋寡聞，所以做為真理之一的物理，勢必得像一塊海綿一樣，不斷吸水，儘管它已膨脹得很大，但其實遠遠沒有到達它的極限。

在物理學中，力學是不可忽略的一大分支，不僅因為有牛頓、愛因斯坦等人，還因為它是人類在地球上，甚至是宇宙中生存的必要條件。

無重力，我們會漂浮在空中；無浮力，我們則將沉入大海；無摩擦力，我們將無法走動；無壓力，我們將看不到地球上光怪陸離的姿態。

隨後，科學家們又研究起電磁學、光學、原子能學等。

其實，無論這些學科如何劃分，它們隸屬於物理學這一大類別，彼此間總有可聯繫之處。

比如，電磁學研究的是電與磁之間的相互作用，便可產生作用力；在光學方面，光被證明是一種電磁波，同時光又是一種粒子，因而可與電磁學和原子能學關聯。

至於在二十世紀初才發展起來的原子能物理學方面，人們發現了原子、分子、電子等粒子的運動規律，有運動，自然就有力，於是又與力學聯繫在一起。

看來，物理學教會了人們：世界萬物都是運動的，而這恰好也是哲學上的理論，萬事萬物都有相通之道，這也算是物理的魅力所在吧！

自序

沒有物理，我們就無法認清這個世界

做為一個理科生，又是以寫作見長的女生，對物理有一種天生的好感。

小時候，當聽到旁人唸出一大段數字時，我的大腦會立刻開啟「快速運算」功能，當然，這說明我的數學能力很強。

數學和物理是緊密相連的，因為物理天才們少不得運用公式推導結論。

歷史上有名的大物理學家都是數學天才，比如牛頓就是微積分狂人，他創立的數學演算法足足影響了歐洲一個世紀；又比如大數學家歐拉，他創作了無數數學法則，所以玩物理就跟玩票似的，推導出幾個物理學原理不在話下。

因此就不難理解，為何很多人物理不行，連帶著數學也成問題了。

然而，在寫這本書之前，我忽然想起了小時候父親對我的啟蒙。

當時父親給我買了一套書，書名叫《十萬個為什麼》，內容當然沒有十萬個問題，只有幾百個，但卻是我童年的精神食糧。

書中會解釋很多自然現象：太陽為什麼會發光？拋出去的物體為什麼會落回地面？鳥為什麼會飛？鏡子為什麼會照出畫面……

當時我讀得津津有味，覺得地球上充滿了神奇，而宇宙中則滿是奧祕。

事實上，沒有一個孩子在小時候腦子裡沒有「十萬個為什麼」，他們探索知識的慾望從不停歇。

有了這套書後，我的視野開闊了很多，也成為學生當中的「小學問家」，這讓我頗感自豪。

後來才知道，原來我所讀到的，正是物理學知識，而長期在學校被枯燥的文字和公式搞得頭暈腦脹的我們，卻已忘了原來物理是個這麼有趣的一門學問！

於是，我決定從最基礎的物理學講起，讓大家能領悟到：原來生活中處處有物理，原來我們一刻也離不開物理。

若無物理，我們就不知我們從何而來，在做什麼，該到哪裡去。

物理是我們人生的一門基礎哲學，有助於培植我們的宇宙觀，而哲學家和思想家則認為，宇宙觀是一個人思想的最高境界。

從這點上說，文理其實是相通的。

宇宙再大，也是由分子、原子，甚至更小的粒子組成的，所以宏觀世界和微觀世界，說到底也是相通的。

物理是人們工作、生活的基礎工具，也是改造社會的有力武器，沒有物理，就沒有人類的進步，就沒有人類文明。

最簡單地說，沒有物理，人們就無法認清這個世界，就容易成為井底之蛙。

任何時候，觀念上的更新總沒有錯，只有不斷地兼容並蓄，才能幫助一個人成為更好的自己。

目錄

第一章　力學之美

第兩章　電磁學之奇

第三章　光學與聲學之秀

第四章　原子物理學之精

第五章　物理學家之趣

第一章

力學之美

1 最早的靜力學著作

《墨經》中的樸素原理

在詳述故事之前，我們得先瞭解兩個問題：

一、靜力學是什麼？

二、《墨經》是一本什麼書？

靜力學，是物理力學的一個分支，它主要研究物體在力的作用下處於平衡的規律，以及如何建立各種力系的平衡條件。說得通俗一點，就好比一個雜技演員走鋼絲，他頭上、手上、肩膀上都有一大堆的盤子，靜力學是維持讓他平穩走過鋼絲的一門科學。

墨子在戰國時期創立了以幾何學、物理學、光學為突出成就的一整套科學理論，在諸子百家中，有「非儒即墨」之稱。

那《墨經》是什麼呢？

這是一本由春秋末期著名思想家墨翟和其弟子所寫的書，具體來說還不能算書，應該算章節，因為墨翟寫

了《墨子》，而《墨經》只是《墨子》中的一部分。

墨翟，後人尊稱為墨子，當時有名望的人都會被稱作「子」，比如孔子、孟子等，墨子也不例外，做為出身平民的哲人，他擁有廣泛的群眾基礎，名氣一度跟儒雅的孔子不相上下。

據說墨子原本是一個木匠，常發明出一些令人驚奇的小玩意兒。有一次，他甚至弄出了一個會動的木頭人，大家一看，不由得驚訝地合不攏嘴：「這不是上古時期的奇門遁甲之術嘛！」於是，墨子「成仙」的傳聞就流傳開了。

墨子的弟子也覺得神奇，就跑過來問：「師父，弟子愚鈍，想知道那木頭人是怎麼動的。」

墨子氣定神閒地捋著鬍子，將弟子帶到自己的工作室。

這時，那個臉頰上的絨毛還未褪去的年輕弟子，不由自主地發出一聲驚呼。

只見僅有二十平方公尺的陋室裡，裝滿了各式各樣的工具，甚至連樑上也掛著好幾隻類似鳥一樣形狀的木製玩偶。

墨子走到桌邊，拿起一根木槌，遞給弟子，笑著說：「你把它提起來。」

雖然不解其意，弟子還是順從地將木槌提起。

「能否再用力一點？」墨子似乎並不滿意，敦促弟子道。

弟子捲起袖子，大喝一聲，將木槌提過胸口。

「哈哈，好！」墨子拍手大笑，他忽然問了一個問題：「你有沒有發現，木槌能被提得多高，取決於你使了多大的力呢？」

弟子點頭，但有點疑惑：「難道這跟會動的木頭人有關係嗎？」

「我們對每一樣東西所施的力，都會以一定的形式呈現出來，這就是力的平衡啊！」墨子捋著鬍鬚感慨道。

他的弟子更糊塗了，連忙向恩師請教：「師父，這種平衡有什麼作用呢？」

「當然有用！」墨子引領自己的弟子走到機械木頭人前，然後指著木頭人身後的一個發條說，「當我轉動這個發條，沒有生命的木頭就會動起來，這是因為我對它施加了力，所以這種力要發洩出來啊！」

說罷，墨子就在發條上順時針轉了好幾圈，果然，木頭人開始向前走了起來，它每走一步，發條都會逆時針轉動，當發條停止轉動，木頭人才停下腳步。

弟子這才明白，原來師父用的並不是什麼奇門遁甲之術，而是一種非常巧妙的力學原理，不由得佩服得五體投地。

《墨經》大約成書於西元前三八八年，內容涵蓋了自然科學知識、墨家思想、各種社會活動。

《墨經》分四篇；《經上》、《經下》、《經上說》、《經下說》，其中絕大多數講的是邏輯學理論，物理學知識佔據了二十多條，幾何學知識約有十幾條，另外還有一些零碎的關於政法、經濟、建築、心理學等方面的知識。

可別小看了這二十多條物理學理論，因為這大概是人類歷史上最早的物理學著作了，要知道，《墨經》問世時，西方的博物學家亞里斯多

德才剛年滿四歲！

在這些物理學知識中，《墨經》認為，力就是使物體運動的方法，它甚至給出了槓桿原理的公式，即力 x 力臂＝重 x 重臂，此外，它還對運動、靜止、重心、斜面、浮力等力學原理進行了初步闡述。

除了力學外，《墨經》中也有對光學的研究，講述了凹面鏡、凸面鏡、平面鏡是如何成像的道理，這比古希臘最早的光學記載提前了一百多年，因此是十分珍貴的科學典籍。

【十萬個為什麼】

力學有哪幾種分支？

如果將物理比作大千世界，那麼它的分支就如同顯微鏡下的微觀世界，也許可以小到沒有盡頭。

力學是物理學的主要學科之一，可粗略分為：靜力學、運動學和動力學。

在《墨經》中，靜力學被分為槓桿、輪軸、斜面、浮力等方面，而現代根據研究對象的不同，靜力學又被分為：質點靜力學、剛體靜力學、流體靜力學等。

2

盲目崇拜地球的古人

天圓地方的初級宇宙觀

在遠古時代，人類逐漸演化成三種類型。

第一種：從出生之時就覺得好奇：咦？天怎麼這麼高啊！然後他向遠處眺望，又有所悟：天和地已經連在一起了，說明天就是個大穹窿，把地給蓋住了！

這種人好奇心很強，還喜歡四處走動，結果發覺怎麼都走不到世界的盡頭，於是他認為，地被天這個穹窿扣住了，所以不必擔心在地上走著走著會掉下去。

終於有一天，他在吃飯的時候，看見自己的老婆拿著一個半圓形的防蟲罩扣住四方桌上的飯菜時，突然發狂，手舞足蹈地笑道：「我明白了！天是圓的，地是方的！就跟飯桌一樣！」

接下來說第二種人：自從第一種人提出「天圓地方」的假說後，第二種人就愉快地接受了這種說法。他們心想：管那麼多幹什麼？反正天又不會塌下來！還是賺錢最重要！

第三種人：這種人太把「天圓地方」當回事了，整天擔心天被撐得這麼高，會不會塌下來，地上承載了那麼多重物，會不會陷下去，結果

整天愁眉不展，差點就要一命嗚呼。

由此可見，古人太把地球當回事了，總覺得「地」是一切的中心，要不然，天怎麼會長得像個大罩子一樣把地罩住呢？所以，天圓地方的世界觀是古代最初級的一種天體力學理論。

而在古巴比倫，人們也有類似的觀點。

雖然古巴比倫人並沒有提出天圓地方的想法，但他們卻同樣認為地球是宇宙的中心，日月星辰都圍繞著地球轉。

這幫人熱衷於研究天文，每個晚上都會把星星的位置在紙上畫出來，然後總結歸納出行星的運行模式，於是，一門讓如今萬千人士興奮不已的占卜術誕生了！那就是星座預測命運之法。

最初的天文學家都是占星師，他們的任務就是為國王算命，每逢國王要出征或嫁娶時，都會找占星師們算一卦，這時候那些大師就拿著星盤看上半天，口中唸唸有詞：「此次這樣做也無不可，只是得小心謹慎，以防不測。」

總之，就是說了等於沒說，但所有人都很高興，以為自己預測到了不可知的未來。所以說，占星確實是個用腦力的工作，考驗的是星座大師如何把話說得模稜兩可。

由於盲目崇拜地球，古希臘人認為肯定有一些神祇在統治著人類，而那些神祇的居住地——奧林匹斯山居然在地球上，而且還在希臘！

從中倒能看出，古人的自我感覺實在良好，雖然將一個錯誤的宇宙觀奉為神明，但絲毫無損其快樂的生活。

西元前二〇〇多年，古希臘一個名叫亞里斯塔克斯的學者突然覺得地球不應該是宇宙的中心，太陽才是，是他提出了「日心說」，還試圖測量地球到太陽之間的距離。

結果可想而知，他失敗了，還差點被人們的唾沫給淹死，因為「地心說」已經深入人心，他的觀點無異於是和廣大群眾作對，是沒有好下場的。

又過了兩百年，古希臘天文學家托勒密微笑著向世人闡述了一個邏輯嚴密的「地心說」：地球是宇宙的中心且靜止不動，在其周邊，從內向外依次有月球、水星、金星、太陽、火星、木星和土星，這些日月星星都圍繞著地球旋轉。

托勒密的「地心說」一出，受到人們的廣泛歡迎，因為這迎合了人們唯「地球」獨尊的想法。

地心說一直流行了一千五百年，直到哥白尼提出異議，才逐漸土崩瓦解。

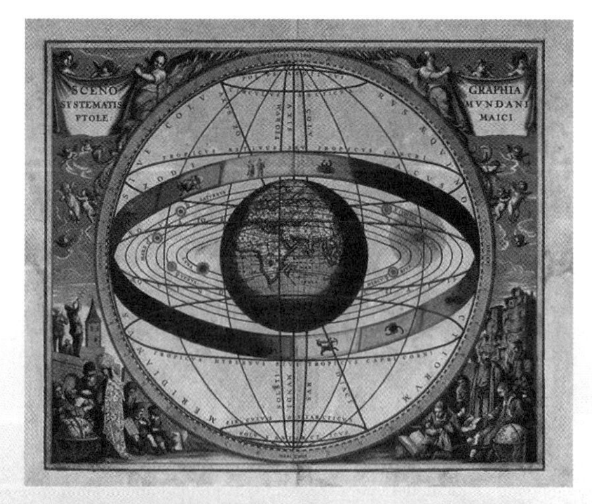

托勒密體系的宇宙圖。

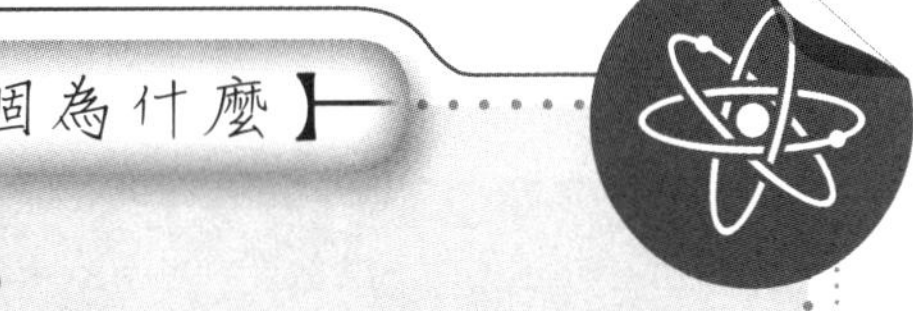

星座真能預測命運嗎？

古人崇拜神，便將夜空中的群星想像成某種或人或物的形狀，稱其為「星座」。

由於每個時段天空中出現的星座不一樣，所以就有了「黃道十二宮」，也就是每個人出生時的命主星——太陽星座。

雖然有人認為，行星出現在不同時刻，對人的命運確實有一定影響，但實際上，組成星座的那些星星都距地球有數光年甚至數億光年之遙，而它們之間的距離也很遙遠，我們不得不苦笑了：在浩瀚的宇宙中，那些龐大的恆星真能對小如螻蟻的人類產生影響嗎？

黃道十二宮。

3

興盛兩千年的物理學權威

錯誤百出的亞里斯多德

請問在距今兩千多年前的歐洲，誰是最值得敬佩與愛戴的學者？

答案只有一個，便是古希臘博物學家亞里斯多德。

能被稱為「博物學家」，可見其知識淵博非常人能比，那麼亞里斯多德的學識究竟有多厲害呢？以下一些例子便可證明：

著作：他一生發表了關於哲學、邏輯學、倫理學、美學等方面的著作共四十本。

理論：他是文理分科的肇事者。

哲學：他師從柏拉圖，卻反對老師的唯心論，首度提出唯物論。

教育：他和孔子志同道合，提倡讓奴隸子弟入學，還創辦「逍遙學派」，一邊在花園裡散步一邊教書，真正的勞逸結合。

在一四九三年的《紐倫堡編年史》中，亞里斯多德被描繪為一個十五世紀學者的形象。

至於物理學方面，他也是學富五車，

提出的一些觀點讓所有人都讚嘆不已。

有一天，亞里斯多德又在花園的小徑上講課，他剛講到一半，忽然停了下來，閉上眼做冥思苦想狀，讓學生們大為驚疑。

「老師，你怎麼了？」有學生見亞里斯多德的做法著實怪異，神似精神失常，不由得哆嗦地問了一句。

驀地，亞里斯多德才將眼睛睜開，他直勾勾地盯著提問的學生，忽然冒出一句：「你推我一下！」

學生們面面相覷，不知老師的葫蘆裡賣的是什麼藥，那個被點名的學生只好走上前，小心翼翼地從背後推了老師一把。

亞里斯多德被推得快步向前走了起來。

當他停住腳步後，轉過身，很高興地對自己的學生說：「你們看，如果沒有力推我，我能動得起來嗎？」

「不能！」學生們異口同聲地說。

「所以，這世上的東西之所以能動，一定是有另外一個東西在推著它動，你們懂了嗎？」亞里斯多德得意地說。

大家這才明白原來老師是在思考問題，不由得心悅誠服地點頭，讚賞老師的說法。

只是，他們怎麼就沒想到，人在行走的時候，並沒有人推，怎麼也能自己走動呢？

又有一回，亞里斯多德站在樓頂上，左手拿著一顆鐵球，右手拿著一根羽毛，對學生們說：「我發現當兩個物體同時下落時，重的一方會最先到達地面，我這就證明給你們看！」

說完，他鬆開雙手，果然，鐵球瞬間就到達地面了，而羽毛卻還在空中飄來飄去，過了好一會兒兒才降回地面。

學生們爆發出一陣陣熱烈的歡呼聲，慶祝亞里斯多德「成功」地證明了自己的觀點，同時對後者更加欽佩了。

如果當時有人重新做一遍亞里斯多德的實驗，將羽毛換成輕一點的鐵球，他就能發現亞里斯多德的錯誤了。

可惜亞里斯多德的名望實在太高了，以致於當時沒有人會質疑他的觀點，結果他的古典物理學理論一直影響了人們一千六百多年，連文藝復興時期都未能避免，直到伽利略出現，其荒謬性才終於被世人所認知。

在圖中，柏拉圖手指向天，象徵他認為美德來自於智慧的「形式」世界。而亞里斯多德則手指向地，象徵他認為知識是透過經驗觀察所獲得的概念。

亞里斯多德的物理學理論主要有以下幾點：

一、真空並不存在。

二、當外力存在時，物體才能運動。

三、自由落體時，重物下落速度比輕物快。

四、白光是純淨的光，有色光是由白光發生變化而產生的光。

上述觀點無一例外是錯誤的，儘管亞里斯多德在力學上有一些成就，卻因古代科技的侷限性導致他的錯誤觀點長久以來為人們所詬病，

但無論如何，他的貢獻是斐然的，他對西方文化和自然科學體系產生了重要影響，對各門學科都具有啟蒙意義。

【十萬個為什麼】

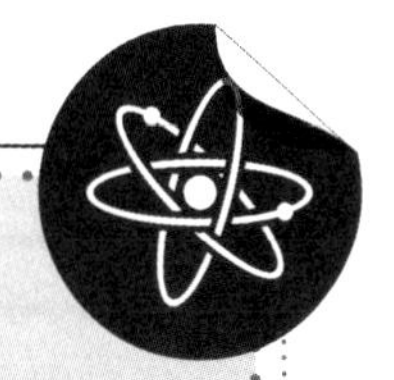

什麼是自由落體？

自由落體，即指不受任何阻力影響，只在地球引力作用下從靜止狀態開始下落的物體。

這就需要物體的質量大過於空氣阻力，否則自由落體的條件便不能成立，而自由落體在下降過程中，因為速度的增加會產生重力加速度，不過空氣阻力也會隨之逐漸增加。

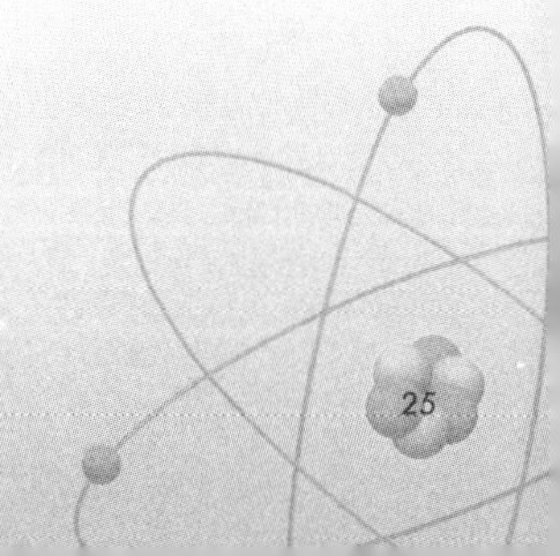

4

拯救了一個國家的發明

槓桿原理與阿基米德

物理學中有一個著名的槓桿原理，這個原理之所以會蜚聲海外，全因其命名者一句著名的話：「只要給我一個支點和一根足夠長的槓桿，我就能撬動地球。」

這個人就是古希臘的數學家、物理學家：阿基米德早年他在亞歷山大里亞留學時，發現埃及奴隸們在造金字塔時，常用撬棍來搬運石頭，由此得了靈感，研究出了槓桿原理。

沉思的阿基米德。

槓桿原理有個公式：動力 x 動力臂＝阻力 x 阻力臂，舉個例子，如果阿基米德想撬動地球，雖然他施加的動力很小，與地球的阻力相比不值一提，但只要他拿到了足夠長的動力臂，也就是撬棒，他就能把地球給撬起來。

這當然是理想狀態下的情況，而

當年的希臘國王僅把阿基米德的話當成了玩笑，並未記在心上。誰知老國王故去後，新王卻記住了「萬能」的阿基米德，於是將對方請入了宮殿。

阿基米德進宮後才得悉一個令人吃驚的消息：羅馬人即將向自己的國家發動進攻，他們的士兵極其驍勇，而且數量龐大，恐怕此役會有亡國的風險。

此時的阿基米德已經是一個頭髮花白的垂暮老人了，他望著王座上，小國王那六神無主的表情，心裡十分沉重。

他想了想，告訴國王：「我可以想出制敵的辦法，只要陛下能完成我說的任務即可。」

國王一聽有救，喜得兩眼放光，一下子從王座上跳下來，高興地說：「你說多少任務都行！我一定辦到！」

於是，阿基米德就讓國王做了一件事情，好在此事並不難做，多派些人手，日夜趕工就完成了。

兩天的時間如箭一般，「嗖」地一下就過去了。到了第三天清晨，天空還未露出太陽的曙光，羅馬統帥就率領四四方方密不透風的鐵甲部隊，向著希臘的城池前進。

待部隊來到城門前時，羅馬人開始覺得有些不對勁。

四周靜悄悄的，城牆之上，連一個希臘人的影子都沒有，他們的心裡泛起了嘀咕：希臘人該不會是棄城潛逃了吧？

正當羅馬人望著城牆發呆時，城牆內突然傳來「吱呀吱呀」的聲音，可惜羅馬人從未聽到過這種響動，也並未逃命，仍是傻呼呼地站在原地。

突然，城牆的上空「刷」地飛出一塊大石，直接砸在一小撮羅馬士兵的身上，將對方砸得腦漿鮮血糊了一地。

羅馬人嚇得驚叫起來，這才想到要逃命，可是已經來不及了。如洪水般奔湧的石塊紛紛向他們飛來，碩大的石頭擊碎了羅馬人的鐵盾，將士兵們砸得屁滾尿流。

最後，羅馬人慘敗而歸，這全得歸功於阿基米德發明的新武器——投石機。

投石機採用的就是槓桿原理，希臘人先將石頭置於牛筋製成的弓弦之上，然後拉動弓弦的搖柄，將弓弦拉到最大限度，接著瞬間鬆開搖柄，石頭就被高高地拋上天，最後落到了千米之外。

槓桿原理並非只有一個公式，阿基米德就提出過好幾點理論：

一、槓桿無重量時，在桿的兩端離支點相等的地方掛上等重的物體，桿將平衡。

二、槓桿無重量時，在桿的兩端離支點相等的地方掛上不等重的物

能撬動地球的槓桿原理。

體，重的那頭將下沉。

三、槓桿無重量時，在桿的兩端離支點不等的地方掛上等重的物體，距離遠的一端將下沉。

四、只要重心不變，一個重物與幾個均勻分布的重物，作用是相同的。

五、若兩個圖形相似，則它們的重心位置也相似。

其實槓桿原理研究的無非是距離與重量的比例，阿基米德利用槓桿原理發明了投石機，並使擱淺在沙灘上的船隻順利下海，保衛了國家和平，可見知識的力量無窮啊！

【十萬個為什麼】

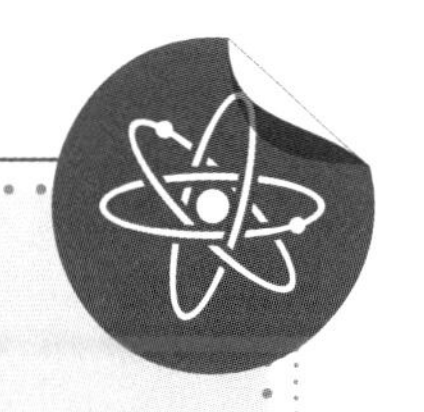

阿基米德是什麼樣的人？

阿基米德生於西元前二〇〇多年，是物理力學的奠基人，有「力學之父」的美稱，他與高斯、牛頓並稱為世界三大數學家。

他的成就有：

物理學：發現浮力、槓桿原理，製造了滑輪、投石機、灌地機和揚水機等。

數學：他差點發現了微積分。

天文學：他製成了一架測算太陽對向地球角度的儀器和一座能預測日食、月食的天象儀。

5

發現滑輪用途的天才

達文西與第一張飛機草圖

說起達文西，也許無人不知，無人不曉，他成名於文藝復興時期，畫過《蒙娜麗莎的微笑》等代表作，是一位身價千萬的大畫家。

只是，又有多少人知道，達文西還是一位雕刻家、建築師、音樂家、數學家、工程師、醫學家、地質學家、發明家、植物學家和作家。

看傻眼了吧？其實達文西的才能是超越時代的，甚至和如今的科學家相比，他也毫不遜色。

達文西究竟有多厲害，看了就知道——

天文學：他否認地心說，認為月光的出現是由於月亮反射了太陽的光；他還提出了太陽能的概念。

物理學：他發現了液體壓力的概念、慣性原理、拋物線的軌跡，並指出「永動機」不可能實現。

建築學：他設計了米蘭的護城河、教堂和橋樑。

達文西自畫像。

地質學：他推斷地殼會發生變動；計算出地球的直徑為七千多英里。

醫學：他設計了一套心臟修復手術，五百五十年後，英國一位外科醫生用他的方法修復心臟，獲得了成功；他還畫出了兩百多幅解剖學畫作。

音樂：他因彈奏七弦琴而獲得米蘭王室的青睞，從此平步青雲。

美容：他年輕時是佛羅倫斯有名的美男子，吸引大批女子爭相購買美容用品，帶動了當地的美容業，可惜他對女人似乎不感興趣，傷了無數姑娘的心。

達文西絕對不是一個理論家，他對機械極度好奇，設計出了汽車、飛機、潛水艇等機器的草圖，他甚至還繪出了一個機器人！

如果這位藝術大師能再勞心勞力一點，將人類歷史上的第一架飛機製造出來，恐怕人類的飛行史將會提前上百年。

達文西是如何產生飛行念頭的呢？

這還得從他的童年說起。

就在達文西還是個在搖籃裡嗷嗷待哺的小嬰兒時，有一次，一隻百靈鳥不知怎地飛到他的搖籃上方，然後不停地盤旋，小鳥尾巴上的

《法王弗朗索瓦一世探望臨終的達文西》，讓·奧古斯特·多明尼克·安格爾繪於西元一八一八年。

羽毛掃到了達文西的臉上，逗得達文西咯咯地笑個不停。

後來他回憶說，正是那隻有趣的小鳥，令他的內心升騰起飛行的渴望，他希望有朝一日也能如鳥兒般在天空自由地翱翔。

一四八三年，躊躇滿志的達文西來到米蘭，事業上的順利發展讓他的身心無比愉悅，他想嘗試設計飛機，以完成自己三十多年的夙願。

怎樣讓飛機飛上天呢？達文西左思右想，覺得得有個力來驅動才行，最後他決定「自給自足」，讓飛行員自己解決這個問題。

於是他就畫出了人類的第一張飛機草圖：飛行器由蒙著帆布的木頭製成，在飛行器兩側有一雙長達十一米的膜狀翅膀，飛行員背著飛行器，腳踩一個大滑輪來給飛機提供動力，以幫助飛機升空。

這個設計當然是不可能實現的，因為飛行器非常笨重，而人還要不停地踩動滑輪，力氣損耗過大，無法完成升空的目標。

不過，達文西把飛行器設計得十分精美，令後人驚豔，再加上他用滑輪提供動能的想法也頗有創意，人們出於對這位大師的尊敬，仍將他視為直升機的第一創始人。

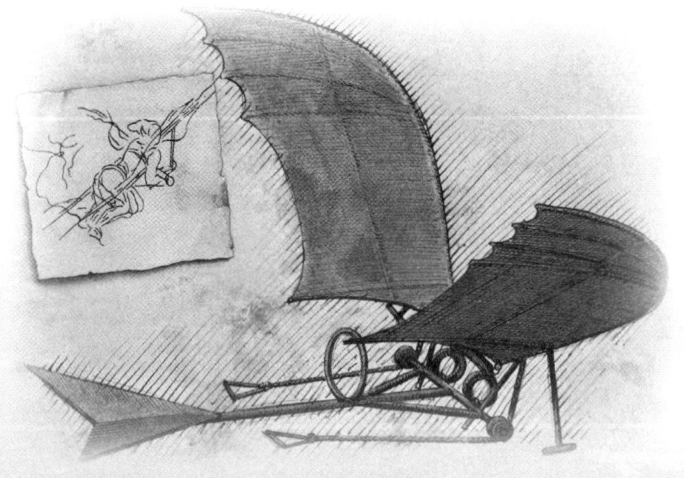

達文西繪製的人類的第一張飛機草圖。

滑輪是一種簡單機械，它是一個有溝槽的圓盤，同時有一些繩索或鏈條能跨過溝槽繞中心軸旋轉，以達到移動物體的目的。

其實，滑輪是槓桿的變形，當多個滑輪組合在一起時，承受的力量會增大很多，可以牽拉較重的物體。滑輪可分為定滑輪和動滑輪，若中心軸不動，就是定滑輪，雖不省力，但可改變負載物的方向；若中心軸可以移動，則成為動滑輪，拉動滑輪能省一半的力，可謂互有利弊，但如果能組合起來，就可以將優點發揮得淋漓盡致了。

【十萬個為什麼】

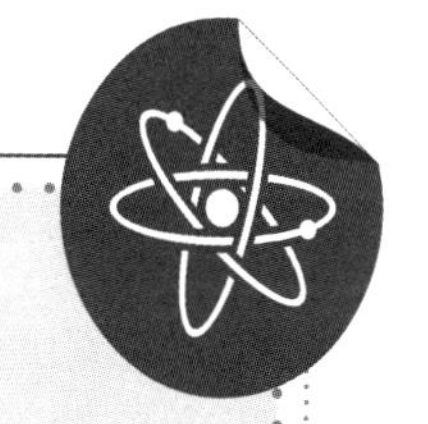

永動機是什麼？

人們曾經渴望有一種機器，它不需要耗費能量就能永遠運動，是一種一勞永逸的機器。

有人認為，一旦如飛輪等機械開始轉動，若將摩擦等阻力減到零，則飛輪就可以永遠地運作了，雖然這個道理看似沒有問題，但實際上，誰都無法消除阻力。

後來人們才發現，永動機違背了能量守恆定理，永遠都不可能被發明出來，這才停止了對永動機的研究。

西元一七七五年，法國科學院還通過決議，宣稱永不接受永動機。

臨終前的勇敢呼喊
哥白尼與日心說

人性是複雜的，一個很偉大的人，同時也可能是一個卑鄙小人，這看起來很不可思議，其實是時常存在的。

同樣，一個虔誠的宗教徒，卻花了大半生的時間來反對宗教學說，這也是有可能的。

此人是誰？

他就是來自波蘭天的文學家哥白尼。

其實哥白尼並非一位專業天文學家，牧師才是他的正職，從十八歲起，他就一直在學習法律、醫學和神學，畢業之後就去了一所大教堂謀得一份薪資穩定的職業，總的來說，生活過得還算不錯。

《哥白尼與上帝對話》，揚．馬泰伊科繪。

可惜他是O型血，這就壞事了！

為什麼這麼說？因為O型血的人擅長分析，哥白尼從小就對天文學有著深厚的興趣，他悉心研讀希臘哲學家阿里斯塔克斯的日心理論，又在恩師——編製了天文曆表的沃依切赫那裡學到了很多天文知識，經過數年的思索，他終於在四十歲那年得出了一個結論：地球和其他行星都是圍繞著太陽運轉的！

他為自己的發現激動不已，但又不敢大肆張揚，因為當時的天主教都信奉地心說，認為地球才是宇宙的中心，他若宣傳日心說，不啻於在做反宗教的事情！

可是祕密憋在心裡，實在讓哥白尼難受，他就將日心說寫在一張一張的紙上，然後給自己的朋友發起了「傳單」。

結果那些朋友們看了，無不是以下幾個反應：

這朋友是瘋了吧？

這朋友還是天主教徒嗎？

這朋友完蛋了，教會肯定要把他抓起來燒死！

要知道，當時的歐洲是神學最穩固的時候，教會為維護統治，不僅不允許其他人私下做科學研究，而且還燒掉了很多非常珍貴的「異端學說」著作，有一次竟在一天之內燒掉了足足二十車的書籍。

西元一三二七年，義大利天文學家采科·達斯寇里因發表了地球是球形的觀點而被活活燒死，罪名是違背了聖經的教義，可想而知，若哥白尼將日心說公布出來，他的性命將危在旦夕。

其實哥白尼也明白自己的處境，他只好按兵不動，繼續偷偷摸摸地進行研究。

他用了兩年的時間進行觀察和計算，然後完成了自己一生中的偉大著作——《天體運行論》。

可惜他還是不敢發表自己的書稿，只能繼續在朋友圈中推廣。

他的朋友們好心勸他低調行事，他低聲嘆息：「不知在我有生之年，還能否看到這本書出版！」

六十歲那年，不甘寂寞的他終於鼓起勇氣，在羅馬做了一系列日心說的演講，也許是念及哥白尼命不久矣，當時的教皇並未反對。

可是哥白尼仍舊十分害怕教會的迫害，七十歲那年，他預感到自己的生命跡象正在消失，緊迫感油然而生，這才將《天體運行論》的書稿寄給紐倫堡的出版商。

幾個月後，哥白尼已重病在床，他偶爾睜開眼睛，似乎要尋找著什麼，接著就陷入了長時間的昏迷中。

就在他的體溫逐漸降低之際，僕人拿著一本書興致勃勃地來找他，原來《天體運行論》出版了！

哥白尼枯槁的眼窩中落下一滴渾濁的淚，滴落在書的封面上，他心滿意足地嘆了口氣，永遠地閉上了眼睛。

日心說的太陽系圖。

日心說主要闡述了太陽系的恆星與行星的運行模式，也許

有人會說，少了哥白尼，科學照樣在進步，人類照樣會製造出家用電器和很多必需品。

那為何要將哥白尼的日心說置於一個重要位置上呢？

因為，它是近代科學的開端，對伽利略和克卜勒的研究發現有著重要的影響，而後兩位又是牛頓力學的奠基人，所以在力學史上，哥白尼是當之無愧的功臣。

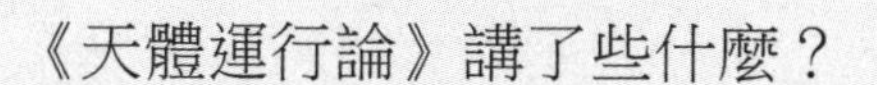

《天體運行論》講了些什麼？

一、太陽是宇宙的中心，所有行星都會圍繞著太陽作勻速圓周運動，這在今日看來當然是錯誤的。

二、地球既公轉又自轉，其自轉時間為三百六十五天六小時九分四十秒，比現在的精確值大約多三十秒，誤差僅百萬分之一。

三、月球繞著地球轉，同時也繞著太陽公轉，月亮到地球的平均距離是地球半徑的六十．三倍，和現在的六十．二十七倍相比，誤差僅萬分之五。

四、日食和月食是怎樣產生的。

7

真理在烈火中永生

寧死捍衛真理的布魯諾

西元一六○○年二月十七日的一個凌晨，整個羅馬仍被凜冽的寒風包圍著，刺骨的寒風深深地刺進每一個人的肌膚之中，凍得人們不敢出門。

突然之間，塔樓上傳來一陣又一陣淒厲的鐘聲，似乎在暗示著災難即將發生。

「布魯諾要被處以火刑了！」聚集在夜空下的人們驚呼。

在羅馬的鮮花廣場中央，一根粗壯的木樁屹立在天地之間，柱子上則死死綁著一個眼神堅定的中年人，他就是即將迎來死神的思想家布魯諾。

「天啊！這太殘忍了！」廣場前站滿了百姓，有些女人害怕地望著行刑官手中猙獰的火把，驚恐地說。

「布魯諾，你後悔了吧？」行刑官得意地望著火刑柱上的罪犯，傲慢地問。

哪知氣血方剛的布魯諾從鼻腔中發出一聲不屑的冷哼，繼而昂著頭，對著人群高呼：「我從未後悔，真理是戰勝不了邪惡的！」

行刑官氣得臉紅脖子粗，跺著腳大叫道：「混蛋！死到臨頭還嘴硬！」

布魯諾卻似乎完全將對方當成了空氣，他繼續在生命的最後時刻發表演說：「黑暗即將過去，黎明即將來臨，我以自己的生命向你們承諾，地球不是宇宙的中心！」

此時，那些教會的神學家們個個嚇得面如土色，六神無主地說：「快！快去把他的嘴堵上！」

布魯諾深知自己的機會只剩下最後的幾分鐘，所以他越發努力地講著：「火！不能征服我！未來的世界會瞭解我，會知道我的價值！」

這時，慌慌張張的劊子手上前，狠狠地用木塞堵住了布魯諾的嘴，行刑官趕緊一聲令下：「行刑！」

熊熊烈火燃燒起來，將布魯諾瞬間埋沒了，儘管布魯諾不再發出聲音，但他那雄壯的聲音依然在每個人的心中縈繞，更多的人記住了他，記住了他宣傳的日心說。

布魯諾在很小的時候就讀過哥白尼的《天體運行論》，第一次閱讀時，他就對已經故去的作者產生了惺惺相惜之感，他覺得哥白尼的觀點完全正確，從而萌發出要將日心說廣而告之的想法。

後來，他果然付諸行動，到歐洲各國去宣揚太陽是宇宙中心的思想，卻屢遭驅逐，就在他四十四歲那年，羅馬教會將他騙回國，從而拘捕了他。

教皇本想讓布魯諾放棄日心說的理論，誰知布魯諾寧死不屈，最後，教皇雷霆震怒，便有了上面的故事。

布魯諾，全名喬爾丹諾・布魯諾，出生於義大利，他和哥白尼的人生履歷很相似，都是從小好學，稍大一點便學習神學，而後在教會中謀得了一個職位。

不過布魯諾更加厲害，他還獲得了神學博士的學位，本來他可以安枕無憂地在教會中度過平凡的一生，卻在讀完哥白尼的書後發生了重大轉折，從此走上演講與流亡之路。

布魯諾的日心說比哥白尼的更為進步，他認為宇宙無限廣闊，雖然地球繞日運轉，但太陽只是無數恆星中的一顆，而萬物是在不斷運動與變化中的。

他的這些思想代表了文藝復興時期的哲學發展高峰，對日後的唯物論發揮了很大的推動作用，可惜他在壯年時期被教會迫害至死，令世界少了一個優秀的思想家和哲學家，不由得讓人扼腕唏噓。

坐落在義大利百花廣場上的布魯諾雕像。

【十萬個為什麼】

為何布魯諾和哥白尼的結局不一樣？

信仰：哥白尼是非常虔誠的宗教徒，即便出了一本《天體運行論》，他仍在扉頁上為《聖經》說好話；布魯諾則不一樣，他公然批判《聖經》，還表達出對基督徒的厭惡之情。

言論：布魯諾言論大膽尖銳，抨擊傳統論點，甚至批判頗有權威的亞里斯多德和托勒密，結果沒有國家願意收留他，導致其不停流亡。

8

「出軌」的火星

克卜勒與三大運動定理

在古代，人們對行星的運行有著怎樣的研究心得？

最開始，中國人意識到天空中有五顆行星，並將這五顆星按五行理論命名為——金、木、水、火、土星。

接著，古巴比倫人計算出了行星的公轉週期，還總結出了相關的公式。

中國人不甘落後，立刻將行星的會合週期也算了出來。

希臘人一看，急了，趕緊用幾何法來解釋行星的運轉軌跡。

一千四百多年後，哥白尼出現了，他出了一本《天體運行論》，告訴大家：行星是繞太陽運轉的，而且運行軌道是圓周運動。

轉眼又過了二十八年，德國一位叫克卜勒的天文學家出生了，當他來到這

克卜勒的肖像畫。

世上的那一刻起，大家還不知道，物理學界一位劃時代的新星從此誕生了！

克卜勒是個高材生，他一直讀到碩士畢業，然後成為了一名皇家數學家。由於他是一位著名天文學家第谷・布拉赫的接班人，所以他也開始接觸後者一直關注的天文知識。

說來也奇怪，當時哥白尼的日心說被絕大多數科學家所排斥，但克卜勒卻心領神會，且迅速成了哥白尼的擁躉。

也許就像一部電影裡說的那樣：有時候你想證明給一萬個人看，到後來，你發現只得到了一個明白的人，那就夠了。

總之，克卜勒堅信哥白尼是自己的知己，於是他花費了好大力氣去驗證對方的日心說，結果卻失望地發現，火星總是偏離計算公式中相應的軌道，無論他用何種理由去分析，始終不能給出一個合理的解釋。

真是奇怪，為什麼火星不好好地待在圓形的軌道上，而是總想往外跑呢？

克卜勒迷惑不解，具有O型血的他同樣是個喜歡分析的人，他便去查第谷·布拉赫的天文學數據。

第谷・布拉赫雖然成就不及後人伽利略，但他也是一位非常偉大的科學家，他的一生幾乎都在觀測中度過，從而留下了很多可靠的天文資料。

第谷・布拉赫與哥白尼一樣，也認為行星的運轉軌道是圓的，或者說是複合圓，但克卜勒總結了資料後發現，也許前人的理論根本就是錯誤的！火星之所以會「出軌」，是因為它在按橢圓形軌道繞著太陽運行！

為了證明自己的結論，他又花費了好幾個月的時間來計算，終於得出了行星運動的三大定律，分別是：

一、所有行星按大小不同的橢圓軌道運行。

二、相同時間裡，一顆行星的向徑在軌道平面上掃過的面積相等。

三、繞日公轉的行星，公轉週期的平方與它和太陽距離的立方成正比。

事實上，克卜勒還差點得出了萬有引力定律，但他沒能論證出來，而將這個難題留給了後來出現的牛頓。

除了天文學，克卜勒在光學、數學上的貢獻也不小，他還出版了一本名叫《夢遊》的書，書中，他竟然提到了現代才出現的名詞：噴氣推進、零重力狀態、宇宙服等，要說天才之所以是天才，完全是因為他具備超人的頭腦啊！

可惜，克卜勒出生的時代不好，他的薪水是由吝嗇的神聖羅馬皇帝支付的，結果在他任職期間，德國發生戰亂，他的薪水拖欠得厲害。

此時他尚有兩次婚姻中留下的十二個孩子和一個因行巫術被捕的問題母親要照料，活得十分艱難。

後來在「三十年戰爭」中，他離開了人世，沒想到墳墓居然迅速毀於戰火，後來乾脆連墓地也消失了，真可謂是個倒楣透頂的科學家。

【十萬個為什麼】

天王星怎麼也「出軌」了？

按照克卜勒定理，繞日行星的軌道都是橢圓形的，可是十八世紀末，當人們發現了天王星時，卻驚訝地觀測到這顆行星的運行軌跡不能用克卜勒定理來定義。

最初，人們無法解釋天王星為何有奇怪的運行「思路」，直到十九世紀中期海王星被發現，大家才恍然大悟：原來是海王星的引力改變了天王星的運行軌道，並非是克卜勒定理出了差錯。

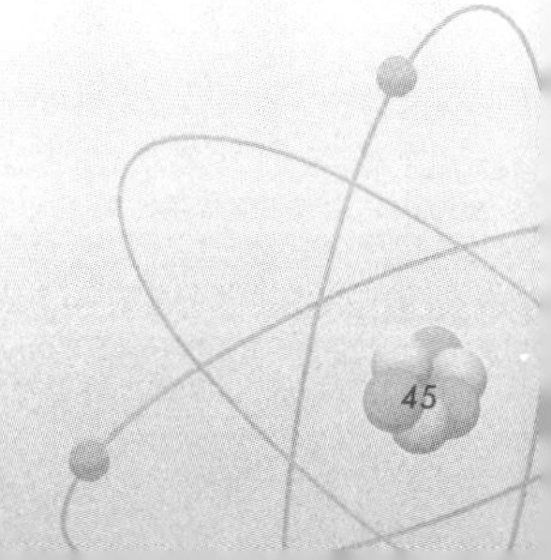

兩個鐵球同時落地

首次發現自由落體的伽利略

亞里斯多德曾經說過一句話，大意是：兩個重量不等的物體在同一高度同時落下，較重的那個會先落地。

這句話一直流行了一千六百多年，竟無人敢反駁，於是變成了至理名言。

不過，真理總是掌握在少數人手中，這是為什麼呢？因為少數人為了辯駁大多數人的觀點，他需要思考啊！

十七世紀，一個特別喜歡思考的科學家在義大利出生了，他就是偉大的伽利略。

伽利略從小就愛提問題，提的問題五花八門稀奇古怪，令老師們非常頭痛，因此他是個「問題學生」。

後來，熱衷思考的伽利略憑著聰明才智，二十五歲就當上了比薩大學的數學教授，成為學院裡的一顆教育新星。

伽利略肖像畫。

照理說，年輕有為的伽利略完全可以博取所有人的歡心的，只要他平易近人一點即可。可是他偏不，因為他太愛思考了，他很快發現整個大學充斥著僵化的思想，因而大為不滿，並竭力想駁斥對師生們影響甚深的亞里斯多德的理論，因此時間一長，竟成了最為大眾討厭的人。

伽利略並不在乎，科學家需要的是真理，而不是歡迎，他決定用實驗來向傳統物理學發出挑戰。

在自由落體問題上，他做了無數次實驗，最後證明亞里斯多德的話確實是錯的，於是便向全體師生宣布，他要在義大利的比薩斜塔上做一個關於自由落體的實驗。

人們在聽到這個消息後，都鄙夷地瞪著眼，取笑道：「他還敢公開出醜？這不是自取其辱嗎？」

伽利略在聽到這些言語後，只是一笑置之，他暗想，到了實驗的那一天，我一定要讓所有人都大吃一驚！

幾天之後，伽利略如約來到斜塔的塔頂，而地面上則早已站滿了圍觀的群眾，大家哄笑著，做好了喝倒彩的準備。

這時，伽利略手拿兩個鐵球，一個十磅重，另一個只有一磅重，對著人群呼喊道：「大家注意，我要扔了！」

話音未落，他鬆開了在同一高度的兩隻手，只見兩個鐵球爭相從空中砸向地面。

「啊！」不一會兒，人群中爆發出接連不斷的驚呼聲，原來兩個球真的同時落地了！

大家這才明白，原來傳說中的聖人也有犯錯的時候，因而對伽利略

十分佩服。

即便用實驗法證明了自己的正確，伽利略卻仍舊被教會視為眼中釘，因為長期以來，為了維護封建統治，教會是以亞里斯多德的學說為理論基礎的，而伽利略竟想推翻傳統學說，這無異是在跟整個宗教體系作對。

其實在古典物理學中，曾有兩大門派：亞里斯多德派和阿基米德派，前者以臆想為主，後者以實驗為依據，兩者觀點截然相反，各有很多支持者。

到了十一世紀，教會重點扶持亞里斯多德的學說，阿基米德的觀點就被視為異端邪說，受到了打壓，但是伽利略卻十分尊敬阿基米德，他也效仿這位偉大的先人，將實驗與理論結合起來進行研究。

教會因此恨透了伽利略，甚至在其六十九歲那年進行了庭審，將伽利略軟禁起來。後來，伽利略在家中一直被關到去世，直至三百年後，梵蒂岡教皇才公開為伽利略致歉，總算為這位傑出的科學家還回了一個公道。

教會對伽利略進行庭審。

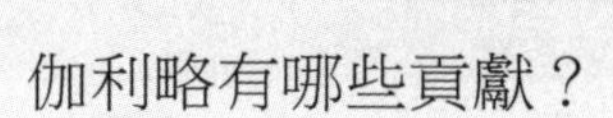

伽利略有哪些貢獻？

伽利略的貢獻有很多，也因此得到了教會的嚴密監視，他的成就主要有：

一、發現了慣性定理；研究了物理力學的一系列現象。

二、發明了溫度計，改進了望遠鏡。

三、宣傳哥白尼的日心說，使數千人受益。

四、出版了《關於托勒密和哥白尼兩大世界體系對話》，儘管該書讓他在晚年受到了牢獄之災，卻是義大利文學史上的優秀名著之一。

伽利略向威尼斯大侯爵介紹如何使用望遠鏡。

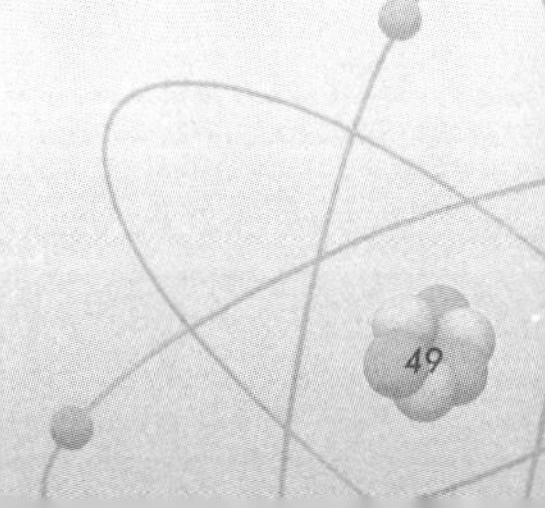

10 一顆蘋果砸出的巨人
發現萬有引力的牛頓

牛頓曾說過一句名言：如果說我比別人看得更遠些，那是因為我站在了巨人的肩膀上。

巨人是誰？

原來是伽利略！那啟發牛頓站到伽利略肩上的事物又是什麼呢？

竟然是一顆蘋果！看來蘋果這玩意兒與人類真是息息相關。

人類歷史上一共出現了三顆赫赫有名的蘋果：第一顆蘋果被亞當和夏娃吃了，結果人類起源；第二顆蘋果砸到了牛頓的頭上，結果科學進步了；第三顆蘋果被賈伯斯咬了一口，結果科技改變了人類生活。

那顆將蘋果砸到牛頓頭上的果樹今夕何在？它就在牛頓的故鄉——英國的沃爾斯索普村，不過已非和牛頓親密接觸過的樹了，而是在老地方補栽上去的蘋果樹，因為牛頓的關係，它仍舊成為旅遊熱門景物，每日吸引成千上萬遊客前來致敬和觀賞。

據說，牛頓在二十三歲的時候，因為倫敦鼠疫橫行，還在上學的他不得不回到鄉下的家中進行休養。

他喜歡躺在樹下讀書、思考人生，有一天，他正沉浸在書中的世界裡，腦袋上卻被一個重物狠狠地砸了一下。

牛頓「哎喲」一聲喊了出來，他摸摸腦袋，撿起從空中掉下的物體一看，原來是樹上一顆熟透了的蘋果。

牛頓拿著這顆蘋果，隱約覺得內心有疑問，可是他又不知是什麼問題，一時間心中充滿了苦悶。

第二天，他在村子裡散步的時候，發現前方有一群孩子玩彈弓。

只見那些孩童嬉鬧著，將一顆顆小石子拋向高空，然後石頭就在很遠的地方落下來。

見此情景，牛頓若有所思，他喃喃地說：「看來無論什麼物體，都會落到地面上啊！」

可是到了晚上，當牛頓仰望星空的時候，他忽然又苦惱起來，因為他又想到了一個新的問題：既然任何東西都會往下墜落，為什麼地球、月亮、太陽以及其他行星不會往下掉呢？

哎，這個問題太難了，直把牛頓愁得夜夜難寐，他決心動手解決這些力的問題，便整日進行計算和論證，終於發現了萬有引力定律。

什麼是萬有引力定律呢？即任何二個物體間都存在吸引力，引力大小與兩者質量的乘積成正比，與兩者距離的平方成反比，至於這兩個物體具體是什麼，中間的介質如何，根本無需考慮。

這條定律對天地萬物一視同仁，也就徹底打破了以亞里斯多德學說為基礎的宗教思想，因而是科學史上的一次重大飛躍，物理學也由此進入了經典物理時代。

在這幅畫中，牛頓被描繪為一位「神學幾何學者」。

牛頓，全名以撒・牛頓，英國物理學家、數學家，他是真正的百科全書式的人才，在力學、光學、微積分上的成就最高。

力學：他發現了萬有引力定律，並完善了三大運動定律。這些定律成為以後三百年中物理力學的基礎論點。

光學：他發明了發射望遠鏡，認識到白光是由其他單色光組成的複合光。

熱學：他制訂了冷卻定律。

聲學：他研究了音速。

數學：他證明了廣義二項式定理，並與德國的萊布尼茲一起發現了微積分。

經濟學：他提出了以黃金為本位的貨幣制度——金本位制度。

【十萬個為什麼】

什麼是牛頓三大運動定律？

第一定律：除非有外力出現，否則任何物體都會保持勻速直線運動或靜止狀態。

第二定律：物體的動量隨時間的變化率，與它所受的外力的合力成正比，且運動方向與合外力的方向相同。

第三定律：兩個相互作用的物體，它們的作用力等於反作用力，且在一條直線上，但方向相反。

這三大定律並非是牛頓的原創，而是牛頓在前人的基礎上進行完善的理論。

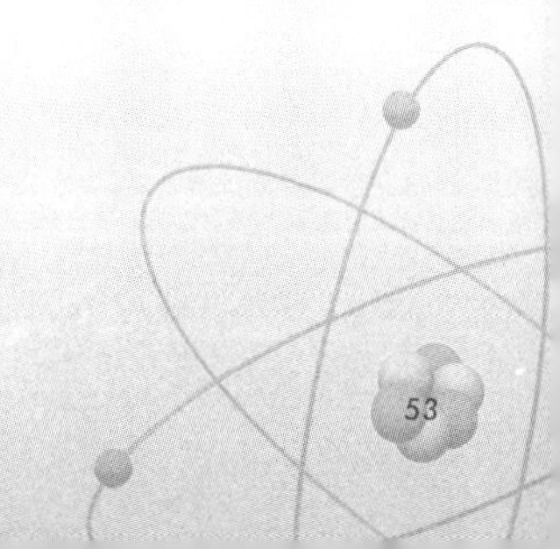

11

惠更斯的鐘擺之謎

重力加速度的驗證

在十六至十七世紀，論起最偉大的物理學家，除了伽利略和牛頓，還有一位惠更斯。

惠更斯的名氣雖不及前兩位那麼大，但他仍然對科學界有著相當重要的作用。

惠更斯從小的思維模式就跟常人不一樣，這還得歸功於他那充滿藝術細胞的父親康斯坦丁。

康斯坦丁既是詩人又是畫家，還是一位音樂家，另外他還熱衷社交，主動寫信給哲學家笛卡兒和數學家梅森，積極拓展自己的人脈。

有其父必有其子，惠更斯在幼時就練習音樂和詩歌，還學了很多外語，雖然物理是他永恆的追求，但他也深受文學的影響，成為一名帶不切實際文藝幻想的科學家。

有一次，他居然證明出了木星上有大麻！

這個令人啼笑皆非的推理是怎麼產生的呢？且聽惠更斯的說法。

他這樣告訴大家：地球有一個衛星，就是月亮，月亮能給地球上的水手提供幫助，既然如此，木星有四個衛星，則木星上必然有很多水手。

有水手就有船，有船就有繩索，有繩索就必有大麻。

看，貌似天衣無縫的歪理。

惠更斯最傑出的成就是實現了伽利略沒能實現的擺的等時性，發明了鐘擺。

一六五七年，他造出了世界上第一台擺鐘，並慷慨地將自己的發明獻給荷蘭政府，他還將發明過程中研究出來的大量物理學問題集結成冊，撰寫了一部《擺鐘論》，供後人膜拜。

擺鐘之所以能正常運作，是利用了重力加速度的原理。

什麼是重力加速度？

它指的是一個物體因受到重力作用所具備的加速度，也叫自由落體加速度，它需要物體必須是垂直向下的，而鐘擺恰好滿足了這個需求。

不過在地球上的不同地方，重力加速度是不相等的，在同一緯度，它會隨著海拔的增高而減小；而在同樣的海拔下，它又會隨著緯度的升高而變大。

可是即便惠更斯將重力加速度玩得得心應手，卻無法解釋突如其來的一個問題：他製作的擺鐘，指針居然是反方向轉動的！

惠更斯冥思苦想，還是沒辦法破解這一難題，他只好又動手做了一個鐘，結果發現又是如此。

幾百年過去了，惠更斯的鐘擺已成為一個謎題，讓無數科學家傷透腦筋。

後來，美國一位教授製作了兩台與惠更斯擺鐘完全一樣的鐘，才發現了原因。

原來，謎底與擺的重量有關，當擺與整個鐘的重量比，小於一比一百二十時，鐘的指標是逆時針轉動的；當比重大於一比八十時，指針才會順時針運轉。

惠更斯的全名為克利斯蒂安・惠更斯，他出生於荷蘭海牙，是有名的物理學家、天文學家、數學家，他從小就熱愛發明創造，十三歲就製造出了一台車床。後來，他以優異的成績成為英國皇家學會的第一個外國會員，接著，又成為法國皇家科學院的院士，連牛頓都尊稱他為「德高望重的惠更斯」。

惠更斯肖像畫。

他發現了兩大理論：向心力定律和動量守恆原理，還改進了計時器、預言了光的衍射現象、批判了牛頓關於光的微粒說。

那麼，這一切就構成了讓他逃過教會迫害的原因？

當然不是，連偉大的伽利略都要到二十世紀才獲得平反，與伽利略站在同一條戰船上的惠更斯又怎能不被教會所注意？只是他的運氣實在好，生於貴族家庭，父親是聞名歐洲的文學家，惠更斯又和王室、社會名流關係良好，這一切讓他躲過了教會的迫害，得以安心地進行科學研究。

【十萬個為什麼】

鐘擺理論是怎麼被發現的？

鐘擺總是圍繞著一個中心值在一定範圍內做有規律的擺動，就是鐘擺理論。

它是由伽利略發現的，據說，當年伽利略來到比薩的教堂裡，他突然發現天花板上的燈在來回搖擺，這時他又沒有錶，就按住了左手的脈搏來計時。

他發現，雖然燈的擺動越來越微弱，可是左右搖擺的頻率卻是相等的，就這樣，他發現了鐘擺理論。

12

固執的月球

分析力學創始人拉格朗日

約瑟夫·拉格朗日是一位命途多舛的力學家，他的前半生基本都在不幸中度過，最終導致其得了憂鬱症。

拉格朗日有多悲慘，看了就知道——

童年時，他父親放著好好的軍官不做，去經商，結果破產了，逼著兒子去學能賺大錢的法律，可是拉格朗日對當律師毫無興趣。

拉格朗日共有十個弟妹，但隨著時間的流逝，弟妹們一個一個地夭折，讓他幼小的心靈過早承受了生離死別之痛。

一七六一年，他由於過度勞累加上缺乏鍛鍊，身體變得十分糟糕，且患上了嚴重的憂鬱症。

幸好，就在他的心情極度低落的時候，他與月球進行了一場美妙的邂逅，從而讓自己成功走出了憂鬱的泥潭。

一七六四年，法國科學院突然發布了一項有獎徵文活動，要求大家用萬有引力原理來解釋月球的天秤動現象。

天秤動，是一個只用於月球對地球的視運動的名詞術語。

一直以來，月球總是只有一面對著地球，可是令人疑惑的是，當它

在近地點時，它對著地球的那一面會向東面偏移；而當它在遠地點時，它對著地球的一面又會向西面移動。

這就好比在地球和月球之間有桿秤，地球是秤的支點，月球則不停在秤的兩邊擺動，結果左搖右擺之間，將月球晃得身子飄忽了起來，露出了它背面的一點點廬山真面目。

當時很多科學家都躍躍欲試，紛紛誇口；「這有什麼難的！看我把它解答出來！」

因為萬有引力理論已經較為成熟，而天體運行理論也越發完善，所以很多人都覺得獎金唾手可得。

可是當他們實地論證後，才無奈地嘆氣，承認月球的天秤動問題確實很難，而自己之前的吹噓實在是不自量力。

只有拉格朗日沒有動搖。

他就像月亮一樣固執，始終用堅定的目光來面對問題。

經過大量的資料分析，他認為，月球在公轉時產生了離心率，所以在近地點時，公轉速度變慢；在遠地點時，公轉速度變快，這種速度的更迭最終讓地球上的人們能夠多觀察到月球左右兩側共約兩百三十五公里的面積。

那麼，月球為何只肯用一面對著地球呢？它真就這麼固執，讓自己穩如泰山嗎？

拉格朗日繼續研究，他發現原來月球並非是個靜止不動的球體，只是由於受到了地球潮汐力的影響，其自轉速度跟不上繞地球公轉速度，才導致它的背面總是來不及轉到面向地球的方位，看起來就似乎不再運動了。

拉格朗日的研究震驚了法國物理學界，連德國的腓特烈大帝都慕名向拉格朗日發出邀請，建議他去普魯士教學。

後來，拉格朗日赴普魯士科學院任職，並在那裡居住了二十年，在那裡，他的科學事業達到了巔峰。

拉格朗日無兒無女，他去普魯士後發現所謂的大科學家都娶妻生子，也就跟風娶了自己的一個表妹，可惜妻子體弱多病，在病榻上纏綿了十六年後撒手人寰。

九年後，鰥居的拉格朗日終於迎接了自己的第二春，娶了崇拜自己的一個女學生，儘管兩人仍無子女，卻活得舒心幸福。

拉格朗日與化學家拉瓦錫交情甚好，一七九三年，法國政府大肆逮捕所有在敵國出生的人，拉瓦錫替拉格朗日求情，才使後者倖免於難。

拉格朗日肖像畫。

可惜一年以後，拉瓦錫卻因參與波旁王朝的政治而被處以死刑。拉格朗日多方解救未果，他悲憤地說：「他們可以一眨眼就把拉瓦錫的頭砍下來，但他那樣的頭腦一百年也長不出一個來了！」

【十萬個為什麼】

什麼是潮汐力？

潮汐，指的是地球上的海水在月亮和太陽的引力作用下發生的潮起潮落現象，但是，潮汐力並非指引發潮汐的引力。

潮汐力的概念是，一個物體在其各個點受到了大小不同的引力作用，這些力形成了一個引力差，對物體具有撕扯功能，所以若一個宇航員靠近黑洞，強大的潮汐力會瞬間將他撕成碎片。

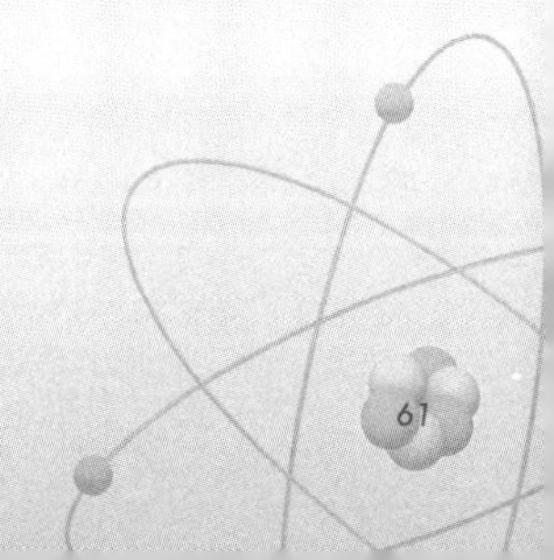

13

月臺上的音樂家

都卜勒效應的出現

上帝是公平的。這句話對奧地利的科學家都卜勒．克里斯琴來講一點也沒錯。當都卜勒還是個小嬰兒的時候，他那石匠父親的生意非常興盛，喜得爸媽逢人就說：「等我兒子大了，我就讓他子承父業，當一個合格的石匠！」若果真如此，那世界上將少了一位卓越的科學家，而多出一位光著臂膀身材魁梧的石匠了。

幸好都卜勒自幼就身體羸弱，連多在風中走動一會兒都要喘個不停，哪有力氣掄鐵錘砸石塊啊！

爸媽見兒子實在弱不禁風，只好暗自嘆息，將都卜勒送進了學校。

別看都卜勒健康令人甚憂，他在數學和物理方面的才能卻毋庸置疑，他就這麼勤奮地讀啊讀啊，終於讀進了奧地利的最高學府——維也納大學。

在這期間，他爸媽仍不死心，一個勁地勸兒子：「讀那麼多書有什麼用啊！還是

都卜勒肖像畫。

賺錢最要緊！」

可是都卜勒學會了拿身體來搪塞：「父母大人，你們看我身體這麼差，哪能經營石匠鋪啊！」不過畢業之後，都卜勒的職業之路並不完美，有十二年的時間，他一直無緣進入大學當職業講師，這時他爸媽又開始嘮叨了：「兒呀！別折騰了，趕緊鍛鍊身體，繼承家族事業吧！」

好在都卜勒充耳不聞，經過多年努力，他終於成為理工學院的數學教授。他刻苦鑽研，能夠注意到不為人知的小細節，並因此發現了很多原理，成就令人側目。

有一天，他在鐵道旁散步，忽然聽到遠處傳來了「轟隆轟隆」的聲音，於是下意識地想：火車要來了！

當長長的列車經過他身邊時，汽笛發出了刺耳的鳴叫聲，而當火車逐漸向遠方駛去，汽笛聲又開始低沉下來，不復剛才的尖銳。

都卜勒側耳傾聽，彷彿癡了一般，他忽然一拍腦袋，驚喜地喊出聲：「原來聲音是會隨著距離而變化的！」

為了證明自己的觀點，都卜勒特地請來了幾個音樂大師，讓他們坐在月臺上，然後他雇了一個人，用一輛機車拉著一節平板車廂在鐵軌上前後開動。只要沒有火車經過，都卜勒就會繼續機車試驗，就這樣整整花費了兩天時間後，都卜勒終於拿到了一份機車隨距離變化而產生的音符，並因此總結了都卜勒效應。

都卜勒效應顯示，聲音是一種波，當波源往前運動時，聲波被壓縮，波長變短，頻率因此而提高，所以火車那刺耳的聲音就出現了；而當波源往後運動，波長變長，頻率會逐漸變低，火車的聲音就會從「尖叫」變為「低吼」。另外，波源的速度也會對頻率產生影響，速度越快，都卜勒效應越大。後來，都卜勒由聲波推廣到光波，他測出了恆星的紅／藍移，隨運動距離而發生的變化。

要知道，在都卜勒生活的那個年代，根本就沒有儀器去測算恆星的數值，而後人經過實驗發現，都卜勒的理論是完全正確的，這不能不說明都卜勒的智慧和前瞻性，可惜這位天才只活了五十年，便因體力透支而病逝。

十萬個為什麼

什麼是紅移和藍移？

這兩個名詞用於物理學和天文學領域。

紅移可分為引力紅移、都卜勒紅移和宇宙學紅移。引力紅移指物體的電磁輻射發生波長增加的現象；都卜勒紅移指光譜的譜線朝紅端移動，表現為波長變長、頻率降低；宇宙學紅移則關係到星系的光譜線問題，原理和都卜勒紅移類似。

藍移的情況則與紅移相反，不過沒有分出那麼多種類型。

14

經典物理學的偉大轉折

愛因斯坦與狹義相對論

十七世紀中葉，牛頓在英國出生；十九世紀七〇年代，阿爾伯特·愛因斯坦在德國出生。

在距離兩人生活的兩百多年間，物理學界發生了怎樣的變化呢？

十九世紀末，牛頓已經取代亞里斯多德，成為物理學的一代宗師，他的力學理論經過多方驗證，顯得堅不可摧。

此外，電磁學也與力學相輔相成，一起建構起經典物理學的強大基石，此時，一座宏偉莊嚴的學科殿堂在人們心中巍峨屹立，幾乎達到了三百六十度無死角的地步，學者們驚嘆：「物理學已經達到巔峰了啊！」

愛因斯坦在一九二一年獲得諾貝爾物理獎時的官方照片。

但這樣一來，一腳跨入這座殿堂的年輕人就鬱悶了：既然所有的理論都達到了完美的程度，那我還要做什麼研究？我學物理只是為了把前人吃過的剩菜再嚼一遍嗎？

後來，成為優秀物理學家的普朗克也曾有如此困惑，當年他剛豪情萬丈地對老師說自己要投身理論物理學界，就被恩師潑了一盆冷水：「物理學已經走到盡頭了，快換一門科學吧！你去學物理是沒有前途的！」

同樣，愛因斯坦也有這種困擾。

他發現有三個問題用經典物理學無法解釋：

一、既然光是極速前進的電磁波，那麼人若以光速前進，是否只能看到電磁場？

二、既然乙太是承載光和電磁的介質，那為何從未被人們發現？

三、如果一輛車開著車燈前進，燈光的速度是不是恆定的，是否要加上車的速度？

這些問題一直讓他愁眉不展，尤其是第一個，他早在十六歲就開始思考，卻遲遲沒有答案。有一天，他的朋友貝索來看他，兩個人邊喝茶邊討論愛因斯坦的難題。貝索崇尚馬赫主義，他鼓勵愛因斯坦不要拘泥於前人的經驗，而要跟著自己的感覺走。

愛因斯坦似有所悟，他呆呆地看著茶水上的波紋，覺得自己凌亂的思緒開始清晰。他想了一個晚上，終於認定牛頓的絕對空間理論是錯誤的，這世界根本就沒有絕對同一的時間，而且運動的物體與時間和空間密不可分。接下來，他用了五個星期的時間研究出狹義相對論，並將這種理論的一部分發表在德國的知名物理學刊物上。

此文一出，人們都震驚了，大家從未想過物理學還可以向著全新領域發展，而發現者竟然只是個年僅二十六歲的青年！

隨後，愛因斯坦又陸續發表了四篇論文，闡述了相對論、光量子學

說等理論，為量子力學奠定了基礎，自愛因斯坦後，物理學進入了二十世紀的新紀元。

狹義相對論有兩個基本假設：

一、若A對B做勻速運動，但A自身沒有轉動，則外人無法分清A與B到底誰在做運動。

二、光速在真空中是恆定不變的。

有了狹義相對論，「乙太」假說也就不攻自破了。因為光的傳播不需要任何介質，那麼乙太就不會承載光波，難怪人們用了好幾百年都找不到它！

十萬個為什麼

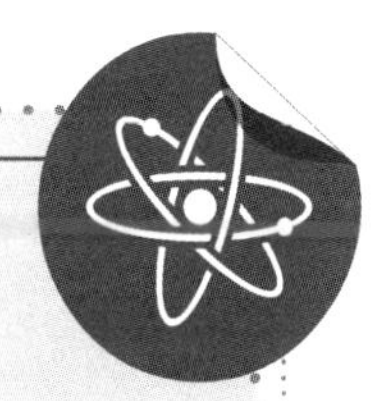

什麼是馬赫主義？

馬赫主義，又叫「經驗批判主義」。它誕生於十九世紀七〇年代，風行歐洲三十多年，曾對很多哲學家和科學家產生了影響。

馬赫主義強調個人經驗的重要性，教育大家要跟著自己的感覺走。還認為一切科學理論沒有對錯，只有方便與否，感覺舒適就使用，不舒適就捨棄，帶有功利色彩。

15

一篇荒誕論文引發的奇蹟

量子力學的產生

二十世紀初，物理學界正潛伏著一場遽變。

十八世紀牛頓的光的粒子學說重新被翻了出來，因為愛因斯坦用普朗克的理論做出了光電效應，科學家們這才驚奇地發現：原來光是波的說法還是有一定問題的呀！

由於粒子說很新潮，這引起了巴黎一個紈絝子弟的注意，從而令他萌生出轉系的念頭，於是他毅然向物理學家郎之萬教授自薦道：「我太喜歡物理學了，我要跟著你混！」

這個年輕人就是德布羅意，其父時任法國的內閣部長，所以他是個不折不扣的官二代。

可能郎之萬知道德布羅意幾斤幾兩，但他不能得罪國家幹部呀！所以，他只好皺著眉頭將這個問題學生

百年來，獲得諾貝爾科學獎的學者四百多人，其中雖有爵士、勳爵，但有親王頭銜的卻只有法國的德布羅意。

收入麾下。

德布羅意本來學的是中世紀歐洲史，自從棄文從理後，他明顯感到力不從心，即便用了五年的時間，他也沒進步多少。

而且更要命的是，眼看即將畢業，他的博士論文很可能無法通過答辯。

書都讀了這麼多年，如果不能順利畢業，豈不是太丟老爸的臉了？

德布羅意一咬牙一跺腳，硬撐著寫了一頁紙加一行字的論文，在文章中，他像個唐僧一樣反覆唸叨著：光是粒子，光也是波，那麼粒子就是波！

為了讓論文顯得「專業」，他還借用了愛因斯坦的兩條波與粒子的公式。

當郎之萬看到這篇令人哭笑不得的論文時，他頓覺世界都灰白了，可是他又不能得罪問題學生的爸，這可如何是好？

情急之下，他給自己的朋友，也就是愛因斯坦寫了一封信，詢問是否可以讓德布羅意的論文通過答辯，同時曉以利害，暗示愛因斯坦要「顧全大局」。

愛因斯坦嘆了口氣，盯著德布羅意的論文看了好半天，最後回覆郎之萬：「甚是有趣。」

也不知愛因斯坦是說什麼有趣，是貶義還是褒義，反正導師們如獲至寶，一致讓德布羅意順利拿到了博士學位。

眼看任務完成，德布羅意終於可以鬆一口氣，衣錦還鄉了。

然而，事情還沒完，他的論文按規矩要寄往歐洲各個大學的物理系，結果維也納大學的薛定諤被要求論證德布羅意的觀點。

薛定諤一頭霧水，除了一句「波是粒子，粒子是波」外，他完全不知道這篇論文到底在講什麼。

可是上級的命令不可違，薛定諤只得為「波是粒子，粒子是波」找一個合理的方程式。

兩週之後，他竟然找到了！這便是大名鼎鼎的「薛定諤方程」，不僅如此，他還從方程式中解答出玻爾的氫原子的解！

瞬間，天下大亂，量子力學一躍成為物理力學的新貴，但薛定諤始終沒有能合理地解釋為什麼「波是粒子，粒子是波」。

好在這個問題最終被哥本哈根學派的狄拉克證實，量子力學這才擁有了堅固的理論基礎，昂首步入力學的行列之中。

在這場鬧劇中獲得好處的德布羅意，從此擁有了一系列頭銜：著名理論物理學家、波動力學創始人、物質波理論創立者、量子力學的奠基人之一。

不僅如此，他還獲得了一九二九年的諾貝爾獎，三年後成為巴黎大學的物理教授，再過了一年，他又搖身一變，成為法國科學院院士。

他還寫了四本書，重申了波動力與光的關係，他的最後一本書距離他去世僅有五年時間。

也許是巨大的榮譽讓德布羅意修身養性，他雖然繼承了公爵之位，卻賣掉了世襲的豪華別墅，住在小屋裡埋頭工作，而且生活簡樸，終生未婚，只與兩個僕人相伴。

平淡的生活給了他長久的壽命，他一直活到九十五歲高齡才離世。

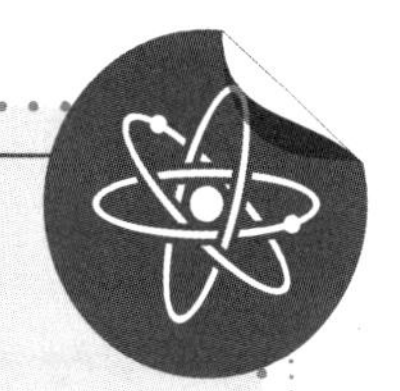

【十萬個為什麼】

什麼是量子力學？

這是一門研究微觀粒子，比如分子、原子、凝聚態物質、原子核和基本粒子的結構、性質的一門科學。

量子力學注重發掘微觀作用力，它與愛因斯坦的相對論構成了現代物理學的理論基礎，另外，物理學的很多分支，如原子物理學、固體物理學、核子物理學和粒子物理學等均是以量子力學做為基礎展開的。

16

洗澡洗出來的靈感

浮力定律

在古希臘的敘拉古城，住著一位德高望重的科學家，他就是物理學的奠基人之一——阿基米德。

當然，古人並不瞭解科學的重要性，他們只是單純認為阿基米德很聰明，能夠解決一切問題，就經常找他來幫忙。

有一次，敘拉古的國王找了一個心靈手巧的金匠打造王冠，兩個月之後，王冠被送至皇宮，果然非常精美。

金匠非常能幹，將王冠雕琢出了好多漂亮的花紋，讓國王愛不釋手。國王重重地獎賞了金匠一筆錢財，然後就整天抱著王冠左看右看，這一看不打緊，看出問題來了！

原來，敘拉古是個小國，長期以來生存在羅馬帝國和迦太基帝國的夾縫中，這樣一來，敘拉古就得充當牆頭草，看誰強就依附於誰。

既然是附屬國，進貢必不可少，於是敘拉古長期以來一直向迦太基帝國上交黃金。

敘拉古國王由於長期接觸黃金，雙手就變成了一桿秤，能大概鑑別出黃金有幾斤幾兩。

眼下，國王就覺得這頂王冠的重量似乎輕了一些，但他又不是十分肯定，只好把阿基米德找來，命令道：「我有個任務要交給你，請務必在七日之內完成，否則就治你的罪！」

就這樣，阿基米德拿到了被國王質疑的王冠，由於國王不准他切開王冠進行核查，阿基米德大為頭痛，不知自己是否能完成任務。

一連五天過去，阿基米德還是沒有頭緒，眼看距離國王給出的最後期限只剩兩天了，阿基米德寢食難安，日夜都在思考王冠的事情。

第六天，疲倦至極的他決定放鬆一下，讓自己泡一個熱水澡來休息片刻。阿基米德將澡盆放滿了水，然後一腳踩進盆裡。

當他的身體逐漸進入盆中時，洗澡水開始「嘩嘩」地往外溢出，阿基米德被水聲吸引，聚精會神地看了一會兒兒，然後他試探性地讓身體沉入澡盆中。水流發出「嘩啦啦」的響聲，向外流動的速度更快了。

此時，一道靈光在阿基米德大腦中劃過，他興奮地跳起來，大叫著：「我知道了！我知道了！」狂喜的他連衣服都忘了穿，就跑進了實驗室。

他將王冠放入裝滿水的容器中，收集到與王冠等重的水，接著，他將容器再度裝滿水，然後將與王冠原料等重的黃金放進去，這樣便收集到了黃金在被打造之前的重量。

阿基米德在洗澡中獲得了靈感。

經過兩盆水的比對，阿基米德發現，王冠確實比未打造之前的黃金輕，說明裡面肯定添加了其他廉價金屬。

他將這個情況告訴了國王，國王十分生氣，下令處死金匠，同時獎賞了阿基米德，於是，一樁王冠懸案就由一盆水得到了圓滿解決！

阿基米德檢測王冠的方法其實是根據浮力原理得來的。

浮力，指的是在液體和氣體中，物理的表面受到的壓力的合力，簡單而言，浮力就等於物體的重力，也就是物理的質量。

浮力有一個公式，即液體的密度 x 液體的體積 x 重力與質量的比值＝物體的重量。由於在古希臘，黃金是當時最稀有的金屬，其密度比其他已知的金屬都要大，所以同等體積下，黃金是最重的金屬，自然承受的浮力就最大了。

十萬個為什麼

水為什麼會產生浮力？

這是因為液體會產生壓強的緣故。在液體中，四面八方都有壓強，當一個物體落入水中時，液體對物體底部會產生一個向上的壓力A，同時對物體上部會產生一個向下的壓力B，但A＞B，這樣的話，浮力的方向就是豎直向上的，物體自然就會浮起來了。

17

比薩斜塔的不倒之謎

重力原理

在風景優美的義大利托斯卡納省，有一個名叫比薩的古老城市。說起比薩，自然得提到那座舉世聞名的斜塔——比薩斜塔，這是伽利略做過自由落體實驗的地方，也是比薩人最值得驕傲的建築。

比薩斜塔。

比薩人究竟對斜塔自豪到何種程度呢？

當年，比薩市政府請著名建築師那諾·皮薩諾修建比薩塔，皮薩諾便下定決心，一定要讓這座塔成為令世人刮目相看的建築。

於是，他打破桎梏，沒有建造傳統形式上的方形建築，而是打造出了圓形的地基。

很明顯，他要造一座圓柱形的塔。

比薩人一看，很高興，逢人就說：「看吧！我們這裡的建築多麼獨特，是圓的呢！」

幾個月之後，塔身建到第三層時，皮薩諾察覺出不對勁了。

此時，塔身已經開始往東方傾斜，無論皮薩諾怎麼努力，都不能讓塔站直。

皮薩諾嚇得面如土色，如果塔倒了，自己的一世英名不就毀了嗎？於是，他趕緊停工，說什麼也不肯再建了。

九十四年後，建築師焦旺尼·迪·西蒙接手皮薩諾的工程，繼續建塔。

西蒙很自負，他一眼就發現比薩塔歪了，頓時哂笑道：「皮薩諾還是一個知名建築師呢！怎麼連一座塔都不會建！」

但是很快，他就笑不出來了，因為他發現自己也無計可施，只能眼睜睜地看著塔身繼續向東倒去。

這下子，擔心英名被毀的就成了西蒙了，好在西蒙於一二八四年死於戰爭，也不知是他的幸還是不幸。

時光荏苒，七十多年過去了，建了一半的比薩塔孤零零地屹立在風

雨中，眼看就要成為一堆廢墟，政府著急了，重金懸賞建築師，誓要將比薩塔完成。

這時，一位名叫托馬索．皮薩諾的工程師進行了大量測算，透過資料，他推斷：比薩塔如果建成，肯定還是傾斜的，但是它的重心垂直線不會超過它的地面，所以不會倒塌。

比薩人這才放心，他們旋即又得意起來：看哪！全世界都造不出一個傾斜而不倒的建築，我們比薩卻創造了奇蹟！

事實果真如此嗎？

十九世紀末，一位建築師在比薩塔的塔基附近挖土，他本來想探究地基的形態，誰知釀成了重大的施工事故，已經向南傾斜的塔身加速南斜了二十公分，要知道，在此前的兩百六十七年中，傾斜總和也不過就是五公分。

比薩人暗自著急：要是真塌了可怎麼辦？

於是他們在二十世紀三〇年代在塔基四周澆築了九十噸水泥，本想讓斜塔停止傾斜，誰知幫了倒忙，塔身斜得更厲害了！

到二十世紀九〇年代，比薩塔已經瀕臨倒塌，政府趕緊封閉斜塔，並研究扶正對策。

專家們發現，塔基建在一層含水的黏土層中，由於比薩塔塔身的壓力，黏土層的水分被擠出，造成地基的沉降，所以比薩塔走上了傾斜之路。

拯救團隊據此在塔基的北面挖土，幫助比薩塔的重心向北移動，終於在十年後獲得成效，如今，比薩塔雖然已經傾斜了近五公尺，但仍堅強地挺立著，它的風采讓成千上萬的遊客讚嘆不已。

一個物體之所以會站立不倒，跟其重心有很大關係。

所謂重心，就是一個物體各部分所受的重力作用集中的那一點，從重心做一條垂直向下的線，便是重力作用線。

只要重力作用線在物體的底面之內，物體就不會倒，而若超出了底面的範圍，想要保持平衡就變得十分困難了。

比如人騎自行車，由於人與車構成了一個整體，但這個整體是自行車的兩個車輪所組成的一條線，所以重心就得落在這條線上，一旦超出，若無支撐，人就會馬上摔倒。

【十萬個為什麼】

為什麼過度抽取地下水會導致底面沉降？

因為地下的岩層並非我們在底面上看到的那樣，是由密實的岩石組成的。相反，地下岩層中布滿孔隙，而孔隙中則充滿了地下水。

如果地下水被過分抽取，則地基的抗壓性就會變差，從而地下岩層被擠壓變密，底面就會下沉了。

18

怎樣使炮彈飛離地球

挑戰萬有引力的宇宙速度

古人一心想要上天，可是自從出現了一個叫牛頓的科學家，人們的願望一下子成為了泡影。

為什麼呢？

因為牛頓說，萬物都是有引力的，你不可能從地面上跳起就回不來，所以還請各位乖乖地待在原地吧！

頓時，人們一下子洩了氣，決定還是安分地生活算了。

當然，也有一些不服輸的人，他們仍舊做著飛行的夢想，並經過一次次的努力，發明了熱氣球、飛機等飛行器。

可是，在一百多年前，人們仍舊不敢想像飛離地球的場景。

因為地球的引力實在太大了，想要離它而去，似乎是不可能完成的任務。

於是，人們只能寄情於文學作品來滿足自己的幻想。

法國作家儒勒·凡爾納就寫了一本科幻小說——《從地球到月球》，內容是美國人造了一門大炮，炮筒足足有三百米長，炮彈的彈殼則有三十公分厚，然後讓三個人坐到炮彈裡，再點燃大炮，那三個人就立刻被送到月球上去了！

然而在現實生活中，大炮是無論如何也不能將炮彈送出地球的，因為人類造不出這種大炮啊！

不過對科學家而言，沒有做不到，只有想不到。

牛頓早在發現萬有引力定律之後，就做起了脫離引力的設想。

他也是設想在山頂上架大炮，而且讓炮筒與地面呈平行的角度。

牛頓肖像畫。

牛頓認為，既然炮彈在落地之前，會沿著一條曲線飛過一段距離，那麼若無空氣阻力，如果炮彈的速度增加，那麼炮彈的飛行距離也會相應增加。

如果速度增加到一定程度，炮彈繞著地球轉也不是沒有可能的！

牛頓又設想，如果讓炮彈的速度繼續增大，它是否就可以脫離地球，飛入廣闊無垠的宇宙了呢？

如今人們已證實，牛頓的這種想法是正確的。雖然地球有引力，但只要物體的飛行速度達到一定程度，就可以脫離地球引力的限制，向外太空飛去。

後來，科學家便造出了太空船，並用火箭推進器將飛船送入太空。

火箭在發射時，會產生足夠快的速度，以便脫離地心引力，當到達一定高度時，火箭會在大氣層中分解，留下太空船繼續航行。

科學家將牛頓所說的脫離地心引力的速度命名為宇宙速度。

按宇宙速度飛行的物體，其飛行軌跡不是一條直線，而是一條曲線，按照速度不同，宇宙速度又可分為三種類型：

第一宇宙速度：物體飛行速度達到每秒七．九公里時，將繞地飛行，地球的衛星多為這個速度。

第二宇宙速度：物體飛行速度達到每秒十一．二公里時，將掙脫地球引力，進入太空。

第三宇宙速度：物體飛行速度達到每秒十六．七公里時，將脫離太陽系，到達其他的恆星系中。

【十萬個為什麼】

為什麼地球沒有被太陽引力吸過去？

太陽系中有八大行星，最遠的海王星距離太陽四十多億千米，照樣受太陽引力的作用繞日公轉，那地球距離太陽更近，為何沒被巨大的引力吸過去呢？

原來，地球在公轉的同時也在不停自轉，從而產生了離心力，與宇宙速度的原理類似，地球自轉時自身達到了一個能抵抗太陽引力的速度，所以才能與太陽保持在幾乎恆定的距離之上。

莫名消失的十九噸魚

引力的緯度變化

以下這個故事，可能胖子們聽了會很高興。

在幾百年前的荷蘭，有一個經營水產批發的商人，辛辛苦苦賺了一些本錢，然後跑到海邊向漁民買了五千噸青魚。

當時人們不懂什麼叫冷藏技術，只知道把需要保鮮的食物和冰塊混雜在一起，利用冰的冷氣使食物保鮮。

不過，這個商人要前往非洲國家——摩加迪休，這對他來說是個挑戰，因為摩加迪休靠近赤道，天氣非常炎熱，會導致青魚迅速腐爛。

不入虎穴焉得虎子，商人從未做過這趟生意，他不得不購買了大量冰塊，然後一咬牙一跺腳，乘上了開往非洲的商船。

商人每天都會去船艙中檢查冰塊的融化速度。幸好，冰塊足夠多，當裝載著青魚的商船到達目的地時，青魚仍舊保持著冰凍的狀態。

商人這才鬆了一口氣，接下來，他就要給魚過磅，然後做生意了。

誰知道這時候忽然出了岔子，漁民們給青魚秤重時發現，魚的重量竟然少了約十九噸之多！

商人一聽這消息，頓覺不可思議，他想：我每天都要去船艙裡看一

下，那些魚都完好無損地存放著，沒有被動過的痕跡呀！

莫非是被船員們吃了？

商人覺得這也不可能，因為他三餐都跟船員們一起吃，為了防止有人偷魚，他事先規定大家不准吃魚，結果在海上航行的那些天，餐桌上果然連一根魚骨頭的痕跡都沒有。

要不然，就是哪個船員暗藏禍心，把十九噸魚扔海裡了？

商人再次否定了自己的想法。

十九噸魚不是個小數目啊！夠船員們忙上一陣，難道不會被時常在船中走動的商人發現嗎？商人沒有辦法，只好自認倒楣，以為是自己不夠細心，才栽了跟頭。

其實大家都不知道，魚還是原來的魚，只是地球跟人們開了一個玩笑。

原來，地球的引力在不同位置是會發生變化的，離地心越遠的地方，地球引力越小，反之則越大。

地球並不是一個像籃球一樣圓的球體，而是一個兩頭略扁中間稍鼓的球體，所以在靠近地球南北極的位置時，因為物體與地心的距離變近，所以引力就會增大，相應的物體重量也就變大；而到了靠地球赤道的地方時，物體與地心的距離拉長，引力會減小，所以重量自然也就變小了。

看到這裡，或許那些一直想減肥卻又懶於鍛鍊的人們是否該偷笑了，還減什麼肥呀！趕緊去赤道吧！

【十萬個為什麼】

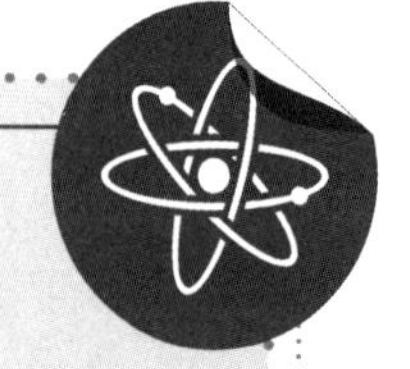

地球為什麼是梨形的？

地球現在的形狀其實有點像一個梨，為什麼它沒有如其他行星那樣變成一個勻稱的球體呢？

科學家們發現，地球的形狀跟海陸分布差異有關。因為地殼是會運動的，當地殼抬升時，就出現了大陸；當地殼下沉時，則變成了海洋。

可是，萬物要遵循平衡規則，上升的陸地受到向下的壓力，而下沉的海洋則受到了向上擴張的張力，而地球兩極都是陸地多，赤道周圍則是海洋多，所以兩極會被「壓扁」，而赤道則會鼓出來了。

駿馬拉不開的空心銅球

馬德堡半球實驗

據說人不能一心二用，否則將一事無成。歷史的確有這方面的證據。

明熹宗朱由校喜愛木工，有「木匠皇帝」之稱，結果他從登基之後仍舊忙著做家具，把皇位當成了擺設，七年後誤食「仙藥」，英年早逝。

法國國王路易十六的製鎖技術達到了爐火純青的程度，可惜他忙著製鎖，對政治局勢一點也不關心，結果在法國大革命期間成了階下囚，不明不白地掉了腦袋。

不過，並非所有政客都會擁有悽慘的下場。

比如阿根廷玫瑰——艾薇塔·庇隆，她是個電影演員，人美，作品豐富，名氣也大，後來改行做阿根廷第一夫人，政績斐然，贏得了全世界的讚譽。

又比如阿諾·史瓦辛格，人家本是好萊塢的動作巨星，後來懶得打了，就去當州長，順順利利當了七年，無功無過，照樣生活得很美滿。

如此看來，只要不當皇帝，有個副業或愛好也是不錯的。

十七世紀的物理學家奧托·馮·格里克有一天對從政也產生了興

趣，於是他就去參加戰鬥，還英勇地入了獄，最後被光榮地選為馬德堡市的市長。

雖然從此勤政愛民，格里克也沒忘記自己的老本行，他不時地搞出一些發明，看得百姓們是目瞪口呆。

於是，在一六五四年的五月八日這天，馬德堡的居民們看到了驚奇的一幕：市長將十六匹馬牽到了廣場上，然後將馬匹分成兩隊，讓牠們分頭去拉兩個貼合在一起的銅質空心半球。

人們覺得不可思議，紛紛交頭接耳：「市長的腦子是不是壞掉了？這麼多匹馬，要拉開兩個銅球，還不是輕而易舉的事？」

馬德堡半球實驗想像圖。

事實卻讓所有人震驚，那些健壯的馬嘶叫著，甚至將自己的身子拉扯地站立了起來，銅球卻絲毫沒有分開的跡象。

「怎麼會這樣？」大家又開始議論起來，都覺得市長肯定使用了某種魔法。

馬夫們繼續在空中揮舞著鞭子，喝令馬拉球。

這十六匹馬齊聲大叫，跺著蹄，將廣場踩得烏煙瘴氣，嗆得圍觀的人們不停咳嗽。

終於，一聲宛若大炮轟鳴的聲音炸開了，馬兒們獲得了自由，向兩邊散去，而兩個銅球也終於分離開來。

大家本以為銅球裡藏著什麼東西，誰知什麼也沒有。

這下，市民們驚訝地合不攏嘴，忙不迭地問格里克：「市長，到底是什麼東西讓銅球合得那麼緊，分都分不開？」

格里克笑著為大家解答：「是空氣呀！我把銅球裡的空氣抽走了，所以兩個半球就不容易分開了。」

這便是物理學史上有名的馬德堡半球實驗。

這個實驗證明了大氣壓強的存在，為便於研究，格里克還發明了抽氣機，從而可以讓半球內部處於真空狀態。

透過馬德堡半球實驗，格里克發覺到大氣是有壓力的，而表示壓力作用效果的物理量就是壓力呈現的強度。

後來，法國物理學家帕斯卡制訂了壓力的單位，即１帕＝１牛頓／平方公尺。

氣壓是壓力的一種形式，即單位面積上向上延伸到大氣上街的垂直空氣柱的質量，它的單位也是帕。國際上將０°Ｃ時，緯度為四十五度的海平面做為標準氣壓狀況，稱其為一個大氣壓，而氣壓的顯示效果則以水銀柱表現，為七百六十毫米的水銀柱高。

十萬個為什麼

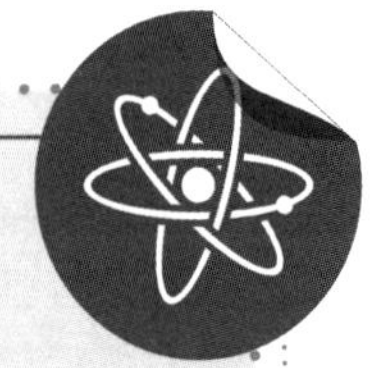

空氣也有重量嗎？

既然科學實驗證明空氣有重量，為何人類平常感覺不出來呢？

這是因為，空氣不僅有壓力，也有浮力，當人們處於空氣中時，受力是平衡的，所以感受不到空氣的重量。

那麼，空氣有多重呢？

不算不知道，整個地球的空氣加起來竟然有五千三百萬億噸！這麼重的空氣，足以壓扁數萬萬億個人！

21

拯救舜的意外之「傘」

阻力的作用

世界上第一架降落傘是誰發明的？

是達文西嗎？他於一四九五年設計了一架類似於金字塔形狀的降落傘，但他並沒有動手製作。

那麼，是一六二八年一個叫拉文的囚犯嗎？

那一年，在一個月黑風高的晚上，被關在義大利監獄裡的拉文伺機逃跑。

遠古的聖人──舜。

可是監獄的圍牆實在太高，拉文不敢往下跳，他靈機一動，找了一把雨傘，試圖用手抓著撐開的傘跳到地面上去。

可是那把傘看起來像隨時會散架一樣，拉文只好用很多小布條把傘骨架和傘柄連在一起，這樣一來，雨傘便結實了很多，於是拉文的越獄非常成功，可惜後來他又被抓了回來，從而讓降落傘的祕密大白於天下。

不過，以上兩位都不算最早發明降落傘的人，其實，第一個實現了降落傘功能的人，是中國原始社會的君王舜。

舜是一位好皇帝，他勤政愛民，而且求賢若渴。

當他年事已高的時候，他決定要將王位禪讓給年輕人。

當時還沒有世襲制，帝王是由大家推舉出來的才德兼備的人擔任的，於是舜就想把王位傳給治理黃河頗有功績的禹。

這一下，舜的兒子丹朱不高興了。

丹朱覺得自己非常優秀，憑什麼當不上皇帝，這擺明是父王偏心嘛！

他越想越氣，竟起了歹心，拿著一把刀去殺自己的老子。

舜畢竟老了，體力不及年輕人，很快就被逼到了一座糧倉上。

眼看丹朱要追上來，舜趕緊爬到糧倉的頂端。

丹朱雖然爬不上去，但他自有陰招，他點起火把，開始燒糧倉，企圖將老子燒死在火海裡。

舜非常著急，想趁著火勢還未起來的時候逃出去。

可是他怎麼逃呢？糧倉那麼高，如果跳下去，縱使不會摔死，也會摔得動彈不得，到時照樣會被大火吞沒，總之一句話，他似乎是非死不

可了。

但是，舜是皇帝，便有著非同常人的膽魄，他沒來得及多想，就抓起身邊的兩個大斗笠，從高空跳了下去。

這兩個斗笠就是降落傘的原型，而舜儘管在火燒眉頭的關鍵時刻，也沒忘記保持清醒的頭腦，他拿的斗笠均是凹面向下的，這樣的話，凹面就相當於把氣流「兜」了起來，這樣氣流的阻力會相應增大，讓舜落地的重力加速度減小了不少。

於是，舜僥倖逃過一劫，而人類最初的降落傘也因這個故事被永載史冊。

在一三〇六年，中國的宮廷藝人在帝王登基大典中用巨大的紙傘從高牆上跳下，這一跳傘的實踐行動同樣比歐洲早了幾百年，所以第一例跳傘活動也在中國。

跳傘的發明進程如下：

一七八三年，法國人勒諾伊發明了形同雨傘的降落傘，並成功從塔頂跳下。

一七八五年，法國人白朗沙從熱氣球上進行跳傘實驗，安然落地。

一七九七年，法國人加納林用薄帆布製作了一具類似於現代圓形傘的降落傘，在九千公尺的高空完成跳傘實驗。

一九〇一年，美國跳傘員布羅德維克設計出了可折疊的降落傘包和背帶。

一九一二年，美國飛行員貝利從飛機上跳傘成功。

十九世紀七〇年代，出現了能夠滑翔的降落傘。

而今，降落傘的材質、用途越來越豐富，不僅在戰爭、飛行、航太事業做出了優異的貢獻，還成為一種娛樂項目，極大地豐富著人們的生活。

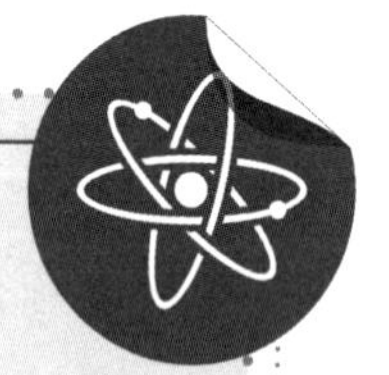

十萬個為什麼

阻力是什麼？

阻力，顧名思義，就是阻止物體運動的作用力。

需要注意的是，阻力特指物體在流體中運動時產生的反方向作用力，所以它和摩擦力是兩個概念。

摩擦力並不會完全阻礙物體的運動，有時候反而會成為物體的動力，比如傳送帶上的摩擦力就是很好的例子，它可以為人們傳遞貨物。

22

救命的藤蔓

高空彈跳運動的古老傳說

在如今越來越熱門的極限運動中，高空彈跳可算是一種風行多年卻依舊魅力不減的項目。

在中國大陸，第一個高空彈跳的地點位於北京，其建成之日距今已有近二十年之久，可見高空彈跳運動的時間之長。

中國的高空彈跳是從國外引進的運動，那麼國外的高空彈跳史就更長了，但具體有多長，大家肯定想像不到。

原來，人類歷史上的第一次高空彈跳，竟然距今已有兩千五百多年的歷史了！

大約在西元五〇〇年前的一天，如今的美洲大陸西海岸的一個部落裡，忽然傳來一陣聲嘶力竭的呼救聲。

部落的其他人聽聞都搖頭嘆息：阿倫又在毆打他的妻子蒙美了。

蒙美是個美麗善良的姑娘，可惜運氣不大好，嫁給了脾氣暴躁的阿倫，她一貫忍辱負重，希望丈夫知錯能改，誰知阿倫並無半點自省之心，反而將蒙美虐待得更厲害了。

這一次，蒙美被打得實在難以忍受，她終於飛奔出家門，想要逃離丈夫的魔爪。

阿倫不肯放過妻子，便緊追不放。

男人的速度到底比女人快些，蒙美漸漸體力不支，眼看著丈夫就要抓住自己，她赫然發現身邊有一棵高大的可可樹，便不顧一切地爬了上去。

可是阿倫也很會爬樹，他很快也往樹上爬，而且速度比妻子還快。

蒙美嚇得手心全是汗，她用顫抖的雙手將攀援在樹上的藤蔓繫住腳踝，做好了往樹下跳的準備。

不一會兒，阿倫就爬到了蒙美的身邊，蒙美尖叫著：「你不要過來，否則我就跳下去！」

誰知阿倫是個傻大膽，他竟然拍著胸脯狂笑道：「妳敢跳，我就敢跳！」

蒙美見實在沒轍，只好一咬牙一閉眼，從樹冠上飛身縱下。

阿倫有點驚訝，但為了顯示自己比妻子勇敢，他也跟著跳了下去。

結果，蒙美沒死，阿倫卻一命嗚呼。

這是因為，蒙美腳踝上的藤蔓富有彈性，在關鍵時刻救了蒙美一命，而阿倫因為沒有任何防護措施，當然丟掉了性命。

後來，為了紀念勇敢的蒙美，部落裡的其他人都養成了身體綁著藤蔓從高處跳下的習慣，他們甚至還建起一座二十多公尺的木頭高塔，專門讓年輕人舉行成人禮。

人在高空彈跳時為什麼不會被摔死？

因為繫在人身上的繩索是有彈性的，所以會讓人體在下墜過程中產生向上的彈力，從而使得下降和反彈的狀態反覆交替，直到最終彈力消失，而此刻重力加速度也已經為零了，便是人安全落地之時。

彈力，指的是物體發生彈性形變後，使其恢復原狀的一種作用力，導致人體在高空彈跳過程中產生多次彈起。但是，當人在被繩索一瞬間彈回高空時，會發生失重現象，而腦部也會充血，所以有心腦血管疾病的人不適宜高空彈跳。

十萬個為什麼

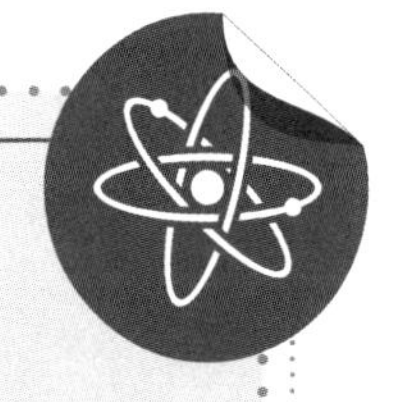

什麼是失重現象？

在一般情況下，在引力場中，物體對地面的壓力和它所受到的重力是相等的，但如果前一種力小於後一種力，那麼就會發生失重現象了。

失重對人體的影響很大，在失重狀態下，人體各器官的相互作用力會消失，人會喪失定向功能，而人的中樞神經系統也會出現紊亂，所以有些人會產生噁心、嘔吐等症狀。

23

不敲自鳴的鐘

神奇的共振現象

由於古代科學技術不發達，人們無法解釋一些奇怪的現象，就以為是神靈作怪，從而心生敬畏之意。

在三國時期，魏國曾經發生了一件怪事：

當時正值魏國的最後一任皇帝曹奐在位期間，魏國的大權被司馬昭牢牢掌控在手，曹奐不過是司馬家族的傀儡，因此整日悶悶不樂。

有一天，曹奐正閒坐在宮裡，而司馬昭正好去打蜀國了，皇帝這才感覺到一絲輕鬆，他忽然來了興致，想召喚眾臣一起來商議國事。

誰知正當大臣們慢慢地趕過來時，宮裡的大鐘卻突然發出了轟鳴聲。

曹奐被鐘聲嚇了一跳，以為是有人在開玩笑，不由得大怒，讓太監去查看誰在偷偷地敲鐘。太監也覺得奇怪，因為此刻已經日上三竿，只有早朝的時候宮人才會敲鐘，眼下鐘聲響起，肯定是有人在使壞。

可是，那些守鐘的士兵同樣是一副驚訝的表情，他們表示根本沒人碰到那口鐘，大鐘是自己響的。

太監一聽，嚇得魂飛魄散，他再三確認原因，結果仍是聽到了「不

敲自鳴」的解釋，只好忐忑不安地回去稟報。

當曹奐聽說大鐘會自動發聲，頓時倒吸一口冷氣，心中惶惑不安：難道這是先祖在怪罪我把江山送給了司馬逆賊？

想到這裡，他不由得兩腿發軟，一下子倒在地上，而前來覲見的群臣見皇帝這副模樣，也紛紛驚得目瞪口呆，不知如何是好。

後來曹奐呆了片刻，才驚魂未定地把鐘聲自鳴的情況告訴了大家。

群臣一聽，也是紛紛面如土色，驚呼道：「陛下，這是不祥之兆啊！魏國恐有災禍啊！」

曹奐越聽越恐慌，他越發肯定是先王在警告他，於是越發手足無措起來。

這時，太監總管提醒他：「太傅張華博學多才，陛下何不問他一下呢？」

曹奐如同撈到了一根稻草，驚喜地點頭：「對！快請太傅過來，朕有話問他！」

張華進宮後，瞭解了情況，他非但沒有像其他人那樣驚慌失措，反而仰頭大笑了起來。

曹奐不解其意，連忙問：「太傅為何要笑，此事很好笑嗎？」

張華不慌不忙地說：「陛下無需擔心，據微臣所知，就在幾個時辰前，川蜀之地發生了地震，連銅山都給崩裂了，大地震盪，傳到了洛陽，宮裡的鐘也被這股震動波及，所以才會不敲自鳴啊！」

大家這才放下心頭大石，鬆了一口氣，皇宮上下重新恢復了活躍的氣氛。

其實大鐘之所以會自鳴，是由於共振的作用。

什麼是共振現象呢？打個簡單的比方：當一群人走在一座索橋上時，大家步伐一致，腳步聲便產生了很大的頻率，這時，索橋受這種音頻的影響，從靜止的狀態開始晃動起來，便形成了共振。

共振有利也有弊，它會讓建築和機械遭到破壞，有時甚至會奪走人的生命，比如由人的喊叫聲引起的雪崩。

但是，人類也會利用共振現象為生活製造驚喜，比如微波率就是一種電磁波的共振，而優美的音樂能使人的細胞產生共振，從而達到舒緩情緒的效果，對人體健康也非常有益。

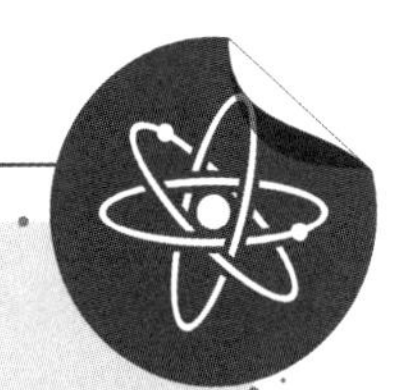

【十萬個為什麼】

為什麼叫喊聲會引發雪崩？

當陽光照射到雪面上時，表層的積雪就開始融化，而積雪內部是鬆軟有空隙的，這樣一來，融水就滲入了積雪和山坡之間，使得積雪與岩石表面的摩擦力減小。

這時，人若在山上大喊一聲，甚至只發出輕微的響動，積雪表面就會承受巨大的壓力，這股壓力將厚厚的積雪往下壓，而重力加速度又在積雪的下滑過程中推波助瀾，這樣雪就會滑得越來越快，從而產生雪崩。

24

徒手抓子彈的飛行員

參照物的概念

徒手抓子彈？這是在變魔術嗎？

不，在第一次世界大戰中，一位法國飛行員會告訴你，這個見證奇蹟的時刻絕對是真的！

在第一次世界戰爭中，這位飛行員隨著戰鬥機隊伍向敵軍陣地上空飛行，眼看著地面的炮火越來越密集，他的神經一下子緊繃起來。

戰鬥就要開始了！

這時，所有飛行員都在等待長官的命令，他們既緊張又興奮：拋頭顱灑熱血的時刻馬上就要到來了！

大約兩分鐘後，飛行隊長下達了襲擊的指令，剎那間，飛機呼嘯著，在兩千公尺的高空開火，機身上的機槍噴出憤怒的火舌，對著埋伏在戰壕裡的敵人無情地掃去。

敵軍很快被惹火了，在地面用機槍予以還擊。

好在地對空的作戰威脅性不大，戰鬥持續了一個鐘頭，僅有一架飛機被子彈打中，冒著黑煙墜毀在遠方。

此刻，神奇的一幕出現了！

當那名法國飛行員正聚精會神地盯著炮火連綿的地面時，他忽然感覺到耳邊有一隻小蟲子在嗡嗡地飛舞。

其實哪有蟲子能飛到數千米的高空呢？可是飛行員過於專注，根本無暇轉頭去看那「蟲子」的模樣。

可是那「小蟲子」實在煩人，飛行員不假思索，順手一抓，就在自己的臉頰旁邊把那「昆蟲」捏到了手心裡。

奇怪的是，「蟲子」居然仍舊不安分，在飛行員的手掌中亂竄個不停。

這名飛行員這才有點疑惑，他把手鬆開，對著「昆蟲」看了一眼。

頓時，他被驚呆了！

只見他手裡哪有蟲子，分明是一顆散發著餘熱的子彈！而這顆子彈由於在不停地轉動，已經將他的皮手套磨壞了一個大缺口，如果他今天沒戴手套，大概這隻手就要受傷了。

「這太不可思議了！」飛行員在空中大叫起來，他覺得這是上天在眷顧他，才讓自己撿回一條性命。

好不容易熬過戰事，他將自己的遭遇告訴了戰友，大家都驚訝萬分，紛紛開玩笑說他是死神嫌棄他，才讓他重返人間。

為何飛行員能用手抓子彈呢？

原來，這是借用了物理學中參照物的概念。

什麼是參照物？就是判斷一個物體是否在運動的另一個物體。

換句話說，相對於子彈，飛行員就是參照物。

在戰爭中，子彈剛射出槍膛時，以每秒八百公尺的初速度飛到高空，但由於受到空氣阻力的影響，子彈的飛行速度逐漸放慢，它越往上升，速度就越慢，當飛到飛行員的身邊時，它已快要呈下跌趨勢了。

此時，子彈的速度變成了每秒四十米，這和在高空的飛行員的速度是一樣的。

所以相對於飛行員來說，子彈是靜止不動的，自然就可以徒手抓住它了！

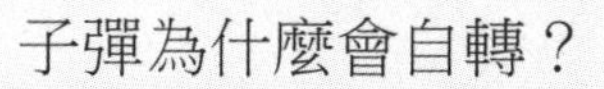

子彈為什麼會自轉？

這是因為槍膛內壁不是平滑的，而是刻有螺旋形的槽，也就是「膛線」。子彈由於在發射過程中進入膛線，因而會呈現自我旋轉的行為，而在出膛後，由於慣性，會一直保持螺旋轉動，直到擊中目標為止。

之所以槍會這樣設計，是因為當子彈在螺旋運動時，能維持在預定的彈道前進，否則子彈會出現偏離飛行方向的情況。

25

人類第一次真正的太空行走

立功的慣性定理

人類第一次太空行走是在什麼時候？

其實人類在宇宙中拓展步伐的時間不算長，一九六五年三月十八日，前蘇聯的兩位宇航員別列亞耶夫、阿里克謝·列昂諾夫代表人類在太空中活動了十二分鐘。

不過他們是綁著安全帶行走的，也就是說在被太空飛船拖著走，還不能算是真正的自由行動。

可是蘇聯人很得意，畢竟當時他們正在跟美國人比賽，這下就有資格炫耀了：看！我們已經第一個完成外太空行走的壯舉了！

這下美國人的鼻子氣歪了，因為他們原本只是想將手伸到飛船的船艙外，就算在太空行動了，這下被蘇聯人搶了先，哪還有臉再嬌羞地伸個手啊！

一氣之下，美國人決定也走一次，三個月後，他們果真派出了一名宇航員，卻是依葫蘆畫瓢，按照前蘇聯的做法綁著安全帶和供氧、電的線路在航天器旁行走，以防飄到不知名的遠方。

但是美國人心頭的那口惡氣還是放不下，十九年後，他們決定玩一

次大動作：不繫任何安全帶，直接以自由之身進入太空。

於是，在一九八四年的二月七日，兩名美國宇航員布魯斯·麥坎德利斯和羅伯特·斯圖爾特首次在毫無任何保護措施的情況下進入太空，讓所有人都捏了一把冷汗。

布魯斯·麥坎德利斯執行首次無線太空行走。

好在一切順利，他們順利返回「挑戰者號」太空梭，讓所有人都鬆了一口氣。

這下子，美國人才真正感覺顏面大增，他們到處得意地向世界宣布自己的壯舉。

蘇聯人也不服氣，五個月後，他們將一位名叫薩維茨卡婭的女宇航員帶出了太空艙，讓全球第一個在太空行走的女性誕生。

六年後，前蘇聯解體，美蘇之間的太空競爭才告一段落，但我們應該感謝兩國之間的較量，正因如此，科技才得到了極大的提升，人類在太空中翱翔的美夢才得以實現。

眾所周知，太空船是繞地飛行的，宇航員若進入太空中而和飛船無任何關聯，就會受到地球引力的影響，被地球「吸」進去。

那麼，那兩位美國宇航員是如何做到排斥地球引力的呢？

其實道理很簡單，就是依靠了慣性原理。

所謂慣性，即指物體在不受外力作用時，盡量保持其現有狀態的屬性。

所以，當宇航員脫離航天器後，他們自身仍能達到二．八萬公里的時速，而這個速度，足夠讓宇航員繞地飛行而不被地球吸回地面。

【十萬個為什麼】

為什麼人類感覺不到地球在自轉？

地球繞日公轉，為抵消太陽的吸引力，同時自身也在極速地自轉。

知道地球的自轉速度為多少嗎？竟然達到了時速十．八萬公里！那為什麼地球上的人和動物感覺不到地球的轉動呢？

道理很簡單，根據慣性定理，人和動物與地球保持著相同的轉動速度，這樣的話，以地球為參照物，人就是靜止不動的，所以人們感覺不出地球的自轉速度。

26

能偷襲敵軍的機械「海龜」

布希內爾與潛水艇

太空和海洋，是人類渴望探索的地方。

在深不可測的海底，並非像海面上那樣波光粼粼、有著美麗的藍色光景，而是幽暗冰冷的，充滿了神祕的氣息。

然而，一直以來，人們卻抑制不住要去開發海底的慾望。

在潛水艇發明以前，古人是如何在海底作業的呢？

兩千多年前，馬其頓帝國的國王亞歷山大熱愛探險，他非常想去海底一窺奇觀，就命令大臣造了一個能把自己裝進去的玻璃桶，然後由水手們在船上用繩子將桶送入深海，觀賞海底的景象。

亞歷山大與波羅斯。

這是西方關於潛水的最早傳說了，可是這玻璃桶難道就不會漏水嗎？

一五〇〇年前，義大利人倫納德提出要在水下建造一艘船，可是他沒有動手製造；一五七八年，英國人威廉也說要造潛艇，可是他也只是出了一本書，論證了一下怎樣讓潛艇一會兒浮出水面，一會兒又沉下去。

又過了五十年，荷蘭物理學家尼利斯·德雷爾終於造出了一艘木櫃式樣的小船，能下潛三～五公尺，可是這比起人類潛水的深度，似乎有點不值一提。

一七二四年，俄羅斯人葉菲姆·尼科諾夫也造了一架潛水艇，沒想到一下水就差點送了命，好在幾十年後，美國人在獨立戰爭中造出了真正的潛水艇，這才讓人類向深海進發的願望初步實現。

在戰爭中，英國殖民者在陸地上被美國軍隊打得落花流水，只好將火力集中到海面上。

當時的英國海軍儘管大不如前，但仍保存有足夠的實力，他們用密集的炮火打得美國人毫無招架之力，令無數美國士兵氣得咬牙切齒。

有一個叫達韋·布希內爾的士兵並沒有像其他人那樣叫罵，他心裡盤算著，該用何種方法來對付英國人。

布希內爾動了不少腦筋，均一無所獲。

那個時候還沒有飛機這種戰鬥武器，布希內爾只好寄希望於水底。

可是，敵艦離海岸仍有一段距離，誰能憋氣憋那麼久呢？再說敵人的艦船有很多，需要很多的水雷，這就需要很多士兵潛入水下運輸。就算每個士兵都會游泳，這樣大規模的行動，難保不被敵人發現啊！

布希內爾整天愁眉不展，他的戰友見其不開心，以為他發生了不愉快的事情，就在戰火停歇後帶他去海邊散步。

一行人信步踱到一塊礁石旁邊，布希內爾低下頭往水中看去。

忽然，他激動起來，拍著礁石叫道：「我明白了！」

旁邊的戰友不解，連忙問他發生了什麼事。

布希內爾跟大家解釋道，剛才他見一隻大魚游到了一隻小魚的下方，然後趁小魚不備，一口將後者吞了下去，他因而得到啟發，想造一艘像大魚那樣的船潛到敵艦的底下去安放水雷，以便將敵人炸個灰飛煙滅。

戰友們聽了這個主意都說好，於是就造了一艘潛艇。

本來他們想將潛艇造成魚的形狀，誰知卻造出了一艘海龜樣式的船。當船造好後，布希內爾和戰友就駕駛著「海龜」向敵艦發起挑戰。

他們的偷襲很成功，一艘英國艦船被炸得粉身碎骨，嚇得英國人魂飛魄散，從此英國艦隊再也不敢恃強凌弱了。

布希內爾的「海龜」是如何做到下沉到水底的呢？

原來，在「海龜」的「腳下」，有個像魚鰾模樣的水艙，當潛艇要下潛時，空空的水艙裡就開始灌水，給船身增加重量，船自然就沉下去了；當潛艇要上浮時，貯滿水的水艙又將水排了出去，讓艙裡重新裝滿空氣，這樣船就浮出了水面。

這其實是利用了水壓的效果。因為水有重量，當水的壓力大於浮力時，船就會下沉而不是上浮。

另外，水壓並非只對在水中的物體的頂部有壓力，實際上，物體的各個側面也受著水壓的作用。

需要注意的是，水壓的大小與水的多少無關，而與水的深淺和密度有關，水越深，壓力越大；密度越大，水壓也越大，因此同等深度下，海水的壓力肯定大於淡水。

【十萬個為什麼】

人類能潛入多少公尺的海底？

人類不依靠工具，最高紀錄能潛至海底一百六十二公尺。

人類若藉助潛艇，最高紀錄能潛至海底五百三十一公尺。

目前人類能用發聲波進行海洋深度的探測，最高紀錄由日本高能專業探測航具「拓洋號」在探測馬里亞納海溝時創造，為一萬九百一十五公尺（三萬五千八百一十呎）。

27

擊毀飛機的「憤怒鳥」

動能原理

手機遊戲「憤怒鳥」相信很多人都玩過，小鳥們弱不禁風的身體竟然能摧毀石塊、房屋，讓很多人樂此不疲。

而在現實生活中，小鳥真的能撞毀建築物和金屬嗎？

或許人們要哂笑了：這怎麼可能！

可是接下來的一個故事卻告訴大家，只要達到一定的條件，沒有什麼不可能。

一九八五年一個晴朗的秋日，中國瀋陽，一位飛行員正駕駛著戰機在八百公尺的高空進行飛行訓練。

當時飛機的飛行速度達到了每小時六百多公里，這個速度自然跟當今最先進的超音速戰機沒辦法相比，但在當時的場景下，因為只是訓練，也無需擁有過快的速度。

這名飛行員已經飛了差不多兩年，因此累積了很多經驗，不過以前他的每一次飛行都很順利，沒有遇到過特殊情況。

這一次，眼看訓練即將結束，飛行員就有些懈怠，正當他準備下降時，一群南遷的候鳥突然不期而至。

這些鳥似乎將飛機當成了一隻鳥，一點也沒有避讓的意思，七零八落地就撞了上去。

飛機瞬間劇烈震盪，駕駛室發出警報，部分儀器已經操作失靈。

飛行員頓時嚇出一身冷汗，如若墜機，他的生命連同這架價值不菲的戰機都將毀於一旦！

面對著突如其來的天災，飛行員沒有慌張，他繼續手動控制飛機，爭取讓飛機安全著陸的機會。

經過在空中一系列的緊急操作，這架戰機在空中轉了好幾個危險的弧線之後，終於跌跌撞撞地滑到了地面上，最終，人機都平安無事。

嚴陣以待的機務人員趕緊奔到飛機前進行檢查，他們驚訝地發現，這架飛機受損極其嚴重，兩台發動機全部被打壞，壓縮器葉片和機罩也已受損，而右側機翼甚至被打出了一條二十公分長的裂痕。

在機身上，到處都是鳥血和鳥毛，有些地方明顯扁了進去，那是和鳥相撞的地點。

「怎麼會這樣呢？這些鳥能造成如此大的傷害？」飛行員不解地問。

機務人員則默默地點頭：「是啊！飛行速度太快了，就產生了巨大的力量，哪怕只是一顆小石子，砸在飛機上也可能讓飛機墜毀啊！」

其實讓飛機受損的正是飛機自身。

因為飛機的飛行速度實在太快了，因而產生了極大的動能。

在物理學上，物體由於運動而具有的能量就是動能，速度越大，動

能越大；體積越大，動能也會相應增大。飛機速度又快，體積又大，自然動能就非常大了。

舉個例子，一隻重〇．四五公斤的鳥，與時速八十公里的飛機相撞，能產生一百五十三公斤力；若與時速九百六十公里的飛機相撞，產生的力就達到了二．二萬公斤；倘若鳥的重量為七．二公斤，同樣撞在時速九百六十公里的飛機上，產生的力就更不得了了，足足有十三萬公斤之多！

【十萬個為什麼】

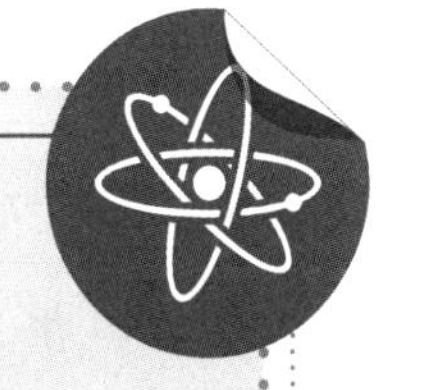

超音速飛機與音障

目前最快的超音速飛機速度為十五馬赫，因速度過快，是無人機。一馬赫等同於音速，即約1225 km/h。

科學家們發現當飛機速度接近音速時，從飛機上發出的聲波是傳播不出去的，這些聲波會聚集在飛機前方，組成一道白色的「牆」，且阻力非常大，這就是曾讓超音速飛機駕駛員色變的「音障」。

不過，只要飛機成功突破音障，空氣阻力就不會對飛機產生太大影響了，飛行安全係數會再度得到提升。

28

不按規矩出牌的水星

廣義相對論的合理解答

自從牛頓提出經典引力學概念後，天文學家們如獲至寶，認為尋找到了行星運行的規律，從此可以一勞永逸。

誰知，意外總在不經意間悄然而至。

一九七四年三月底，一艘名為「水手 10 號」的行星探測器從地球出發，飛向離太陽最近的一顆星球——水星，開始對這顆太陽系中最小的行星進行考察。

水星究竟有多小呢？

原來，它的直徑只有四千八百七十公里，是地球的三分之一，質量也是地球的〇．〇五倍。

這麼小的行星，離太陽又這麼近，自轉速度如果不快點，豈不是要被太陽吸進去了嗎？

「水手 10 號」行星探測器。

沒錯，它的公轉速度很快，繞日轉一周只需約八十八天，而每當它公轉約兩圈時就自轉了三圈。

水手 10 號在水星進行精細的測量後，發現了一個問題：水星根本不按牌理出牌，它的繞日軌道並非一個固定不變的橢圓形，在每轉動一周後，這個橢圓的長軸就會發生輕微的變動。

物理學上，行星的公轉可以被稱為「進動」，而按照牛頓經典力學的解釋，行星的進動是可以有偏差的，角速度約為每百年 1°32'37"，可是水星的實際進動角速度卻為 1°33'20"，偏差為每百年 43〃，大大超出了所容許的範圍。

這樣一來，用經典力學就無法解釋水星的運轉了，難道說經典物理學出錯了嗎？

其實，早在十九世紀中葉，科學家們就發現了水星進動的問題，當時的人們對牛頓的力學崇尚備至，遂絞盡腦汁要替水星安排一個說得過去的理由。

法國天文學家勒韋里爾就說，水星之所以會出現進動偏差，是由於水星和太陽之間還存在著一顆尚未被發現的小行星──祝融星，正是由於祝融星的影響，水星的運轉軌道才出現了變動。

於是一大幫人開始去尋找那傳說中的祝融星，結果找了幾十年也沒找到，因為這顆行星根本就不存在。

直到一九一四年愛因斯坦提出了一個驚天動地的理論，謎底才得以解開。

愛因斯坦說：「我們研究行星的運轉，不能只考慮距離和速度，還要考慮到空間。空間是立體的，可以彎曲的，所以水星才跑偏了。」

這便是大名鼎鼎的廣義相對論。

根據這種論點，愛因斯坦計算出水星軌道長軸運動的角速度為每百年43〃，這基本和水星的實際角速度相差無幾，從此，懸而未決的水星運轉難題才真正得到了解答。

廣義相對論已達到了現代物理學理論的最高水準，它的特色是將時空描述為一種幾何體，並認為時空的曲張與時空中的能量有緊密的聯繫。

於是，在愛因斯坦眼裡，引力已不像牛頓所說的那樣，是個二維力，而是包含時間、空間的四維力，所以根據廣義相對論的推理，宇宙會膨脹，也會縮減，而二十世紀，科學家們確實發現宇宙在膨脹，而且速度正在加快。

廣義相對論是狹義相對論對立的推廣，牛頓的經典力學也包含在後者之中，如果後者是錯誤的，那麼前者也就會出錯，所以有些現象，比如水星的進動，儘管不能用狹義相對論來解釋，但不能認為狹義相對論就是錯誤的理論。

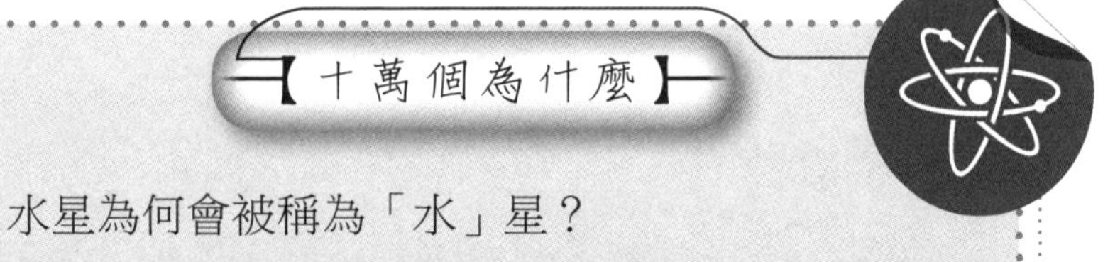

水星為何會被稱為「水」星？

類地行星的大小比較（由左至右）：水星、金星、地球、和火星。

水星是一顆乾旱的星球，白天它的溫度為四百二十七℃，晚上因為接受不到陽光，降到了負一百七十三℃，在這種環境下，沒有水分留存的可能，那為什麼它還要被人們稱為「水」星呢？

原來，這是中國古代「五行論」的說法，古星相學家們按照金、木、水、火、土的說法給行星命名，結果離太陽最近的第一個行星就被光榮地命名為水星了。

第二章

電磁學之奇

29

總是擦不乾淨的琥珀

靜電的由來

古人很早就認識了「火」，火是由閃電劈中枯木引起的，所以「電」這種東西也是自人類誕生之日起就已存在的現象。

不過，閃電是大自然的饋贈，而人類無法接觸到閃電，於是在很長的一段時間內，大家都不知道電是什麼玩意兒。

那麼，人類第一次認識到「電」是在什麼時候呢？

大約兩千一百年前的古希臘，一個貴族偶然發現了電的祕密。

當時的希臘貴族喜歡打扮，婦女們不僅會花費一個上午的時間敷面膜做頭髮，還要購買各種昂貴的首飾和華麗的衣物。

其實男人也不得了，那些富商和王公貴族喜歡洗澡，而一洗竟然就是一天！

後來，中國的絲綢傳入了歐洲，希臘人立刻心馳神往，蜂擁去買這種昂貴的布料。

希臘的貴族男性將絲綢做成了長長的袍子，並將袍子上疊出很多皺褶，他們認為，皺褶越多，越能說明優雅。

至於希臘的女人們，她們則喜歡在絲綢長裙上配一條琥珀項鍊。

琥珀是古樹的樹脂化石，色澤呈漂亮的黃色或紅色，若裡面包有古代的昆蟲，則更為名貴。

胸前配搭了琥珀項鍊，又穿著綢緞的女性，心中自然是非常得意的，每次出門前，她們都會用一塊乾燥的棉布將琥珀擦拭乾淨，以便讓其呈現出最鮮豔的色彩。

可是一天下來，所有人的琥珀都蒙上了一層灰塵，很多人還以為是自己走過的地方太髒，才導致琥珀吸住了灰塵。

於是有些人就整天坐在馬車裡，刻意避開汙濁的街道，誰知到晚上查看時，發現琥珀還是髒了。

「太奇怪了，難道琥珀就是會吸引灰塵的嗎？」所有人都驚奇地說。

這時候有個名叫泰勒斯的哲學家開始思考了，他的頭腦比較靈活，不相信琥珀會吸引灰塵，他想：我以前穿衣服的時候配戴琥珀，怎麼就沒把琥珀弄髒呢？

他覺得很奇怪，就做了一個試驗：讓自己的妻子穿了一身麻布做的衣服出門，同時在妻子那漂亮的脖子上也戴上一條琥珀掛件，然後等到晚上再觀察琥珀的外表。

結果，泰勒斯大吃一驚，當妻子穿上麻布衣服後，琥珀非但不髒，還依舊保持著白天出門前那乾淨的樣子。

「看來是絲綢有問題。」泰勒斯喃喃自語。

他忽然心血來潮，用琥珀在絲綢衣服上反覆刮擦，發現有藍色的細小電流一閃而過，彷彿微型閃電似的。

「我明白了！是摩擦吸引的灰塵！」泰勒斯高興地說。

他讓妻子過來觀看。

只見他將琥珀在絲綢上摩擦了很久，然後在綢緞的上方扔下一根羽毛。羽毛晃晃悠悠往下掉落的時候，並沒有直接掉在地上，而是牢牢地附在了琥珀摩擦過的地方，無論如何都不再離開。

泰勒斯認為自己找出了使琥珀藏汙的東西，就將此物稱為「電」，而他的實驗也是人類歷史上第一例摩擦生電的實驗。

其實任何兩種物體相互摩擦，都可以帶電。

那為何絲綢容易生電，而麻布不容易呢？這是因為絲綢含有纖維，而棉、麻布不含纖維，纖維類的布料容易摩擦生電。

其實，泰勒斯發現的電是靜電，也就是一種處於靜止狀態下的電

泰勒斯是人們所知最早研究電現象的科學家。

荷，當電荷聚集在物體表面時就產生了靜電，由於沒有電荷的流動，所以靜電對人體的傷害並不大。

【十萬個為什麼】

為什麼冬天比夏天容易產生靜電？

若要產生靜電，得符合幾個條件：

氣溫低、空氣乾燥；衣物含化纖成分；裸露的身體部位比較少，不容易釋放靜電。

只要滿足了上述要求，靜電發生的機率就會大增。冬天比夏天乾燥，且穿的衣服又多，意味著增加了身體與衣物的摩擦機會，而人的肌膚也很難裸露出來，所以人就會經常被靜電電到了。

30

指南針的發明

產自東方的司南

火藥、造紙術、印刷術、指南針是中國的四大發明，也是令每一個中國人引以為豪的事物。

其中，指南針的歷史最悠久，展現出了古人的智慧和情懷。

最早的指南針被稱為「司南」，顧名思義，就是掌管南方的意思。

關於司南還有一個動人的故事——

在春秋時期的楚國，有一位年邁的鐵匠，他對自己唯一的兒子非常嚴厲，但在內心深處，他又非常疼愛自己的孩子。

鐵匠想讓兒子繼承家業，可是桀驁的兒子不肯，總是說：「大丈夫應志在四方，怎能屈居於一個鐵鋪之下！」

當時群雄四起，戰火紛飛，鐵匠非常生氣，怕兒子一時衝動去當兵，就對兒子管束得更加嚴格，結果卻適得其反，令父子之間的感情越發生疏。

終於有一天，鐵匠擔憂的事情發生了。

兒子興高采烈地告訴父母，自己已經報名去服役，不久就要當兵了。

鐵匠大怒，拿著火鉗就要打兒子，妻子見丈夫生氣，連忙擦著眼淚去勸阻，好不容易待鐵匠的怒氣平息下來，兒子卻生了氣，說要立即離開家門，再也不回來了。

兒子說完，就氣沖沖回到房間收拾行李，鐵匠之妻想去勸阻，被丈夫一句「由著他去！」給制止了，只能壓抑著悲傷掩面哭泣。

其實兒子也沒有離家多遠，他借住在朋友的家裡，到了入伍那天，他才跟朋友告別，直接去了軍營。

誰知當他趕來報到時，軍曹卻告訴他，有個老人一直在等他。

兒子的心驚了一下，以為是父親過來揪自己回家了，便不想與老父見面。

可是在軍曹面前，他不好意思拒絕，只得慢吞吞地來到鐵匠面前。

鐵匠一反常態，並沒顯出暴怒的樣子，而是伸手取出一個小包裹，遞給兒子：「我從遠處山上找到了慈石，就給你做了一個能指方向的小玩意兒，我叫它司南。」

兒子一愣，他在接過包裹的時候看到父親的雙手都是大大小小的傷口，不由得心裡一緊，眼眶也隨之濕潤了。

他打開包裹，看見了一個方形的圓盤，盤中放著一個像勺子一樣的東西，令人驚奇的是，勺柄總是指著南方。

「希望你在打仗的時候記得，你的家永遠在南方！」老父語重心長地說。

兒子含著熱淚默默地點頭，小心地將司南收好，然後揮別父親，踏上了北上的征途。

一別多年，兒子在外浴血奮戰，儘管一路丟失了很多東西，卻始終把司南帶在身邊，因為他知道，司南凝聚了父親對自己的慈愛，是萬般不能割捨之物。

後來戰火平息，他匆忙趕回家去，卻得到了父親離世的噩耗，兒子痛哭流涕，將司南供奉於父親的靈堂之上，從此替父守孝，再也未離開家門。

關於指南針的紀錄，最早見於《山海經》，因為司南就是用慈石製成的。

天都黃曉峯校刊
山海經註解
槐蔭草堂藏板

山海經序
晉記室參軍郭璞撰
世之覽山海經者皆以其閎誕迂誇多奇怪俶儻之言
莫不疑焉嘗試論之曰莊生有云人之所知莫若其所
不知吾於山海經見之矣夫以宇宙之寥廓羣生之紛
紜陰陽之煦蒸萬殊之區分精氣渾淆自相濆薄遊魂
靈怪觸象而構流形於山川麗狀於木石者惡可勝言
乎然則總其所以乖鼓之於一響成其所以變混之於
一象世之所謂異未知其所以異世之所謂不異未知
其所以不異何者物不自異待我而後異異果在我非
物異也故胡人見布而疑黂越人見罽而駭毳夫翫所

《山海經》是一部有價值的地理著作。

慈石是古代的說法，同「磁石」，但同時蘊涵了中國博大精深的漢語之意，意為如慈愛一般吸附著鐵器的石頭。

中國古代指南針的發展史長達數千年，最早據說黃帝造過指南車，但後人考證後發現，指南車並非依靠磁性指南。

至晉朝，人們發明了指南魚，即將磁鐵剪裁成魚形，讓其浮在水面上即可指示方向。

到了宋朝，人們則學會了使鐵器磁化的方法。著名學者沈括在《夢溪筆談》中說，用磁石摩擦縫衣針，則針就會具備磁性，不過他又提出一個奇怪的現象：磁化後的針有時指南，有時指北，不知是何道理。

其實，地球有南極和北極，磁石與地球磁場的方向相同，也就具備了南北極，若磁化縫衣針時，磁石的方向與地球磁場相反，則縫衣針就會指北而不指南了。

【十萬個為什麼】

為什麼磁鐵能吸鐵？

因為在磁鐵的內部，有無數個排列有序的電子，所以磁鐵具有磁性。

在鐵的內部，也有電子，可是這些電子是雜亂無章排布的，所以不能呈現磁性。

如果用磁鐵靠近一塊鐵，那麼鐵金屬內部的電子就會受磁鐵吸引，也整齊地排列起來，所以就能被磁鐵吸附上去了。

31

閃電下的瘋狂舉動

富蘭克林與避雷針

如果沒有那個著名的雷雨天和那場著名的收集閃電的實驗，敢問誰還能記得富蘭克林是個物理學家？

請看一下富蘭克林的檔案，你就會明白，科學對此人而言只是個副業而已。

姓名：本傑明・富蘭克林

國籍：美國

星座：摩羯座

履歷：

一七三六年，他當選賓夕法尼亞州的議會祕書，第二年，又任費城副郵務長。

一七五七年～一七七五年，他屢次赴英國進行談判，結果美國人認為他親英，英國人認為他親美，弄得自己裡外不是人。

富蘭克林肖像畫。

一七七六年，七十歲的他去法國外交，號召整個歐洲支援北美獨立戰爭。

一七八七年，近八十高齡的他又參加了美國制憲工作，並組織了反對奴役黑人的活動。

看吧！富蘭克林將畢生都奉獻給了美國的政治，他還有時間做科學研究嗎？

好在富蘭克林是個認真的人，他不放過一絲研究科學的機會，於是在他四十六歲那年的一個夏天，便有了令人驚駭的一幕。

當天電閃雷鳴，富蘭克林卻和他的兒子興奮地在空地上放風箏。

稍懂常識的人都知道，這對父子的行為無異是送死，可是富蘭克林卻絲毫沒有膽怯之意，反而兩眼放光，讓人以為他精神不正常。

突然，天空中劈下一道藍色的閃電，接著雨點就像豆子一樣地砸下來。

富蘭克林趕緊大叫：「威廉，快拉好風箏的線，我要行動了！」

兒子聽話地鑽進草叢，富蘭克林則緊張萬分地盯著風箏線看。

烏雲滾滾的天空又接連劃出幾道霹靂，富蘭克林驚喜地發現繫著風箏的麻繩繃得緊緊的，而且繩子上的纖維已經一根一根地豎起來了。

他猜到電已經被收集到掛在風箏線上的一串銅鑰匙上了，但為了證實自己的想法，他竟然直接將手伸向銅鑰匙。

彷彿有個巨人在推他似的，富蘭克林瞬間被推倒在地，他覺得渾身發麻，像跌在棉花上一樣。

可是他卻更高興了，在風雨中狂喊：「太好了，威廉你拉緊，我要收集閃電了！」

富蘭克林從地上爬起後，從懷中拿出一個萊頓瓶，將瓶子接在銅鑰匙上。

不一會兒，瓶子裡果然閃出了電光，富蘭克林收集閃電的實驗成功了！

在這場奇特的冒險之後，富蘭克林發明了避雷針，立刻得到歐美等國的熱烈歡迎。

如今我們的建築之所以能在雷電中安然無恙，得感謝富蘭克林在那個雷雨天的瘋狂之舉啊！

避雷針，顧名思義，就是用來躲避雷擊的裝置，其通常的形狀是在高大的建築物的頂端安裝一根金屬棒，然後用金屬線與地下的金屬板連接起來，就可以了。

當雷電降臨時，金屬棒先收集建築物上空的雷電，然後透過導線將電流引入地面的金屬板，讓電排入大地，從而安全地釋放了電流，讓建築物得以安然無恙。

其實早在中國漢朝，就已經有了避雷針的雛形。

當時皇帝怕宮殿遭雷劈，一位巫師就提議在屋頂上放置一塊魚尾形狀的銅瓦，這樣也能把電流引下來。

後來，中國人學會了在屋頂飾以龍頭，將金屬絲藏於龍嘴中，從而發揮導電的作用。

【十萬個為什麼】

避雷針為什麼是尖頭的？

因為在自然界中，凸起的物體往往能吸引較強的電流，其電荷密度較大，所以圍繞在其周圍的電場也較強。

雷電是一種大規模的放電現象，可產生高達兩萬安培的電流，而當電流通過時，溫度最高能達到三千℃，所以得用容易放電的尖端來做避雷針的頭，否則圓頭的避雷針放電效果會變差，有可能無法阻止閃電擊中建築物。

32

電磁學的第一個基本定理

庫侖定律

在經典力學中，作用力的大小跟距離有關，那麼在電磁學中，電力的大小跟距離也有關係嗎？

早在十六世紀，物理學家們就開始研究電力，但當時他們不知道該怎麼描述電荷的這種作用力，就把電力稱為「電吸引」。

英國醫生吉伯特是第一個定義「電吸引」的學者，但是他本身對電不熟悉，給電力取了這麼一個名稱後就覺得再無探索的必要了，於是轉身繼續研究他的醫學。

一個世紀之後，德國柏林科學院的院士艾皮努斯心想，既然萬有引力定律說，任何兩個物體之間都有引力，那麼電荷之間豈不是也有吸引力或者斥力？

所以，當距離增大時，這種吸力或斥力就會減弱；而當距離減少時，力量則會增大。

艾皮努斯的設想是對的，但他和吉伯特一樣，動手能力超級弱，只停留在假想階段。

還是同一時期的富蘭克林動手做了一個實驗：

他將一個銀罐放在一個電支架上，使支架帶電，然後用絲線吊著一個木頭小圓球放入銀罐中，直到觸及銀罐的底部。

誰知小球取出來之後，富蘭克林發現球體沒有帶電，他無法解釋這一現象。

十二年後，英國化學家普利斯特利重複了富蘭克林的實驗，他認為電力和萬有引力一樣，服從平方反比定律，也就是說，均勻的物質球殼對殼內物體沒有作用力。

又過了六、七年，物理學家卡文迪許用實驗證明了帶電導體的電荷只分布在表面，而內部是不帶電的，可惜他沒有公布自己的結論。

也許以上這些科學家只是在充當一個墊腳石的作用，為的就是讓接下來的這位物理學家粉墨登場。此人是誰？

原來是十八世紀末期的法國物理學家庫侖，也就是當代物理考試必須要接觸到的一個物理人物。

庫侖做了一個扭秤的實驗。他透過測量兩個帶電金屬小球的作用力，證實電力是根據距離發生變化的。

庫侖肖像畫。

具體來說，即真空中兩個靜止的點電荷之間的相互作用力，與二者的電荷量的乘積成正比，與二者的距離的二次方成反比。它們作用力的方向在二者的連線上，同性電荷相斥，異性電荷相吸。

當庫侖發現了這個定律後，就立即將它發表了出來，結果該定律成為電磁學史上的第一個基本定律，而庫侖也一躍成為電磁學大師。

需要注意的是，庫侖定律只適用於靜止的電荷。因為只有電荷靜止，電場的空間分布情況才不會發生變化。

但是運動的電荷就不同了，因為電荷如果運動，就會激發磁場，這樣庫侖力就成了電磁力。

不過，科學家經過試驗發現，只要電荷之間的相對運動速度小於光速，庫侖定律計算出來的作用力在數值上不會產生太大偏差。

另外要注意的是，庫侖定律只適用於點電荷。如果兩個帶電體之間的距離很長，則帶電體就可以被忽略成一個點，此時庫侖定律也是行得通的。

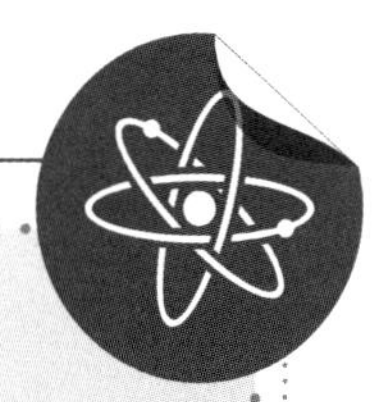

十萬個為什麼

為什麼帶電導體內部不帶電？

當導體達到靜電平衡時，也就是導體中的電荷處於穩定狀態時，同種電荷相互排斥，這樣電荷就盡可能地往遠處跑，於是電荷就分布在了導體的表面。

另外，由於導體內部的電場與距離的平方的比值為0，可知導體內沒有電場，這就意味著沒有電荷，所以就不會帶電了。

33

課堂上的意外收穫

奧斯特與電流磁效應

電與磁，有聯繫嗎？

古希臘的哲學家泰勒斯自從發現摩擦生電的原理後，就認為二者是有聯繫的，不過他的說法太牽強附會了，竟然是因為二者「有靈魂」。

一千六百年後，吉伯特站出來反對，說電是電，磁是磁，不能混淆。

人們便點頭稱是，連英國御醫都這麼說了，還能不順從嗎？

兩百年後，德國哲學家康得又提出了反對意見，說世上只存在兩種力——引力和斥力，至於其他力，都是可以相互轉化的，照他的說法，磁和電是孿生兄弟，錯不了。

這時電磁學之父庫侖又搖頭了。

庫侖有他的理由：電荷分正負類型，而且兩種電荷可以獨立存在，可是磁極分南北極，卻不能獨立開來，這說明兩者是不同的，不能相互轉換。

人們又點頭了，因為庫侖是個實踐派，有證據在手，不信也得信啊！

可是十九世紀初期，一位名叫奧斯特的丹麥物理學家卻開始質疑庫侖的說法。

奧斯特因為學習哲學，所以對康得特別崇拜，自然成了「電磁可轉化」的擁躉。

他讀過一些故事，比如水手的指南針被閃電劈過之後消磁了，五金店的刀具被電擊中後磁化了，這些令他充分肯定，電與磁是有著必然聯繫的。

也許是老天都要奧斯特往電磁學的方向發展，一八一九年冬到一八二〇年春，奧斯特擔任了電學與磁學的講師。

由於每天都要跟電和磁打交道，奧斯特難免不會浮想聯翩：既然磁效應的方向與電流方向無法被證明是一樣的，那為何不換個角度來論證呢？

奧斯特猜測，磁效應的作用應該是橫向的。

有一天，他正在上課，忽然來了興致，就對學生們說：「接下來，我要做一個讓你們大吃一驚的實驗。」

他將一根一根纖細的鉑絲連在伏打電槽上，然後在鉑絲的下面擱置一個罩在玻璃裡的磁針。

不過，他特意讓磁針與鉑絲的方向平行，而不是像以前的物理學家那樣垂直放置。

這時，所有學生都屏住呼吸，盯住那根小小的磁針。

奧斯特接通了電源，他立刻驚喜地張大嘴巴，因為他看到磁針如他所料，擺動了一下！

由於擺動的幅度太小，學生們並沒有在意，可是奧斯特卻大笑起

來，也許是樂極生悲，他居然從講臺上摔了下來。

學生們也哈哈大笑起來，但誰都沒有奧斯特歡樂，因為他知道，自己今日所做代表著人類第一次發現了電和磁的關聯。

在往後的三個月裡，奧斯特繼續探究電磁的關係，終於發現了通電導線周圍存在的喚醒磁場，這意味著，他一直苦苦尋覓的電流磁效應終於問世了！

奧斯特雕像。

什麼是電流磁效應？

簡單來說，就是任何有電流通過的導線，都可以在其周圍產生磁場，就算這導線本身並不帶有磁性，也能如磁鐵一般建立磁場。

那麼，電流產生的磁場是什麼形狀的呢？

透過實驗，科學家發現，電磁場是以導線為圓心形成的閉合同心圓，而且磁場方向是與電流方向垂直的。

電流磁效應的發現，突破了電磁學的入口，轟動了整個世界，難怪物理學家法拉第對奧斯特盛讚道：「他猛然打開了一個科學領域的大門，那裡過去是一片漆黑的，如今充滿了光明。」

十萬個為什麼

為什麼金屬會被磁化和消磁？

因為在帶磁的物體內，會有很多的微小區域──磁疇，這些磁疇方向一致，所以使物體顯示出磁性。

所以磁化就是要讓金屬的磁疇按一定順序排列，而消磁則是透過外力的作用，如加熱、撞擊，使磁疇方向雜亂無章。

值得注意的是，並非所有材料都可以被磁化，只有鐵、鎳及鐵鎳與稀土的合金材料才會受到磁性影響。

34

差點崩潰的物理天才

歐姆定律的艱難公布

學過物理的人都知道，電磁學上有個著名的歐姆定律，該定律的公式非常簡單，但又很實用，是非常重要的計算電流的運算式。

可是又有誰知道，在這個定律提出之初，其發現者歐姆卻飽受質疑，甚至差點因此得了精神病？

且先看下歐姆的個人履歷：

姓名：喬治・西蒙・歐姆

國籍：德國

星座：雙魚座

頭銜：物理學家、巴伐利亞科學院院士

鬱悶經歷：

幼年：兄弟姐妹去世。

十歲：母親去世。

十六歲：進入大學，卻不務正業，把時間花費在跳舞、滑冰和桌球上，讓父親暴怒，結果被送入瑞士學習。

二十歲：因家庭困難而退學，為維持生計去做家庭教師，好在他天資聰穎又努力，獲得了物理學博士學位。

三十六歲：受施魏格爾和波根多夫發明的電流計的啟發，得出一個計算電流的公式，於是得意地將自己的成果發表出去，誰知公式是錯的，歐姆頓時被無數科學家鄙視。

三十八歲：歐姆努力兩年，終於發現歐姆定律，這回公式對了，很多人卻仍舊懷疑，讓歐姆幾乎要精神崩潰。

說來說去，還是用一句古話形容歐姆最為貼切：一失足成千古恨啊！

歐姆定律一直被人質疑的原因有三：一、歐姆撒謊在先；二、人們對撒謊的歐姆抱有成見；三、歐姆定律樣式太簡單了，一看就能看懂，敢問世間有哪種大道理是能一眼望穿的？所以看起來歐姆仍在撒謊。

難怪歐姆要急得發瘋，被人誤解之後怎麼辯解都沒用，心裡的苦誰能知啊！

早在歐姆讀大學時，他就曾經玩物喪志，可見他的性格比較冒失，後來他自創了一個公式，也沒檢驗是否正確就將論文發表，犯下了重大的學術性錯誤，讓自己顏面盡失。

好在歐姆不甘失敗，他重新做了一個實驗。

這一次，他將奧斯特的電流磁效應和庫侖的扭秤結合起來，設計了一個電流扭秤，計算出磁針的偏轉角與導線的電流成正比。

一八二六年，他發表了自己的研究成果。

令他意外的是，鋪天蓋地而來的不是讚美和掌聲，而是嘲笑與批評。

大批物理學家彷彿一夕之間組成了一個反歐姆協會，一致批判歐姆定律是歪門邪道。

在此後長達十四年的時間裡，歐姆的成就被大家當成了玩笑，而歐姆也因為「欺騙」大家，職業生涯跌入低谷，導致其經濟拮据，還讓他長期抑鬱。

直到一八四一年，英國皇家學會才正式承認歐姆定律的準確性，並授予歐姆代表最高榮譽的科普利金牌，歐姆才算是苦盡甘來，他的貢獻才得到了世人的認可。

歐姆到底發現了什麼？

其實很簡單，他的結論是：在同一電路中，導體中的電流跟導體兩端的電壓成正比，跟電阻成反比。

很簡單對不對？

可惜就是因為太簡單了，遭到眾人的一致懷疑，殊不知，越是簡單的東西越不簡單。

當歐姆嘔心瀝血的成果終於得到大家的公認後，他的日子好過了很多，成了一名享譽海內外的物理學家，而人們為了紀念他，還將電阻的單位以他的名字來命名，取名歐姆。

【十萬個為什麼】

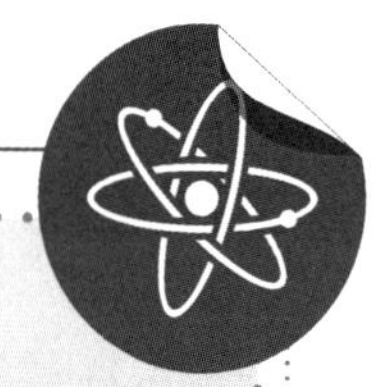

扭秤是什麼？

扭秤是物理學上的一個測量工具，它的形狀是這樣的：將一根金屬桿橫向放置，在其兩段放上兩個等重的物體，然後用一根紐絲繫在桿的中心，將桿懸掛起來。

當扭秤兩端的物體受力不等時，扭秤就會繞紐絲轉動，直到轉動到一個角度，使扭秤停下來為止。

透過扭秤轉動的角度，可計算出扭秤的受力情況，所以在力學和電磁學中扭秤經常會被用到。

僅用一週發現的驚世理論

安培定律

有時候，我們不得不承認，有些人就是天資聰慧，即便花費很少的時間和精力，也能事半功倍。

物理學家安培就是這樣一個讓大家羨慕不已的人，看一下他的檔案，就會明白原來世上真的有一種叫資優生的生物。

姓名：安德列・瑪麗・安培

國籍：法國

星座：水瓶座

頭銜：物理學家、化學家、數學家

讚譽：電學中的牛頓

傲人成績：

安培肖像畫。

數學：十二歲就開始學微積分，論證過機率論和積分偏微分方程，三十九歲成為帝國學院數學部成員。

化學：二十七歲就擔任化學教授，幾乎與著名化學家大衛同時發現氯和碘元素，只比義大利化學家阿伏伽德羅晚三年推導出阿伏伽德羅定律。

物理：十八歲時能重複拉格朗日的《分析力學》中的某些複雜計算，四十七歲那年發現了安培定律，五十一歲推導出兩種電流之間的作用力公式。

此外，安培在物理學的課題主要是電磁學，而他是在一八二〇～一八二七年這七年中進行研究的。僅用短短七年的時間，他便攀到了物理學界的高峰，著實讓人驚嘆。

然而，你知道讓他成為一代物理學大師的定理——安培定律，推導出的時間是多久嗎？

竟然只用了一週！

所以說天才就是天才，很會觸類旁通，並形成自己的結論。

一八二〇年，安培聽說奧斯特發現了電流的磁效應，頓時又驚又喜。

驚的是，長時間以來，法國物理學界一直信奉庫侖的電、磁不相關理論，如今才知道這位物理學專家犯下了這樣嚴重的錯誤，不免令人唏噓。

喜的是，電磁學又邁向了新的篇章，光是電與磁之間的互動，便可想像是怎樣一副迷人的光景！

安培激動萬分，他立即把奧斯特的實驗重新做了一遍，果然發現電流磁效應理論的正確性。

可是他的興奮之情仍舊持續高漲，這催促著他再深入發掘新鮮事物：再看看，還有沒有更好玩的結論出現！

整整一週，安培待在實驗室裡，探尋著他想要的東西，他的同事都以為他著了魔，紛紛勸他休息一下，可是他充耳不聞，一心沉醉在電與磁的神祕世界裡。

七天後，滿臉鬍渣的安培向法國科學院提交了一篇論文，內容圍繞著電磁方向服從右手定律而展開。

其實這個右手定律就是日後在電磁學上赫赫有名的安培定律，也就是說，這短短七日，安培已經創作出了很多物理學家一生都未創造出的成就。

接下來的第二個七日過後，他再次向科學院遞交了第二篇論文，認為若兩條負載電流的平行導線的電流方向相同，則兩導線互相吸引。

從那一年九月開始，一直到第二年的一月，安培完成了對一些列電磁理論的研究，而令人羨慕的是，他的結論全部正確。

安培研究電磁學只花了很短的時間，卻因其縝密的思維和獨到的分析而讓該門學科有了重大突破，被後人譽為電動力學的先驅，難怪連大物理學家馬克士威都將他比作牛頓，認為他的貢獻在電磁學領域無人能及。

在電磁學上，安培貢獻有：

一、首先創造了「電流」這個名詞。

二、他發明了電流計，成為第一個發展測電技術的人。

三、他發現了安培定律，該定律可分析電流和電流磁場的磁感線方向的關係。

安培定律需要右手？這是怎麼回事呢？

原來，在實驗過程中，實驗者可以用右手來論證電流方向：

當人的右手握住通電指導線後，讓大拇指的方向與電流方向一致，則其餘四指的方向就是磁感線的環繞方向；當人的右手握住通電螺線管，讓除大拇指外的其餘四指的方向與電流方向一致，則大拇指指向的必定是螺線管磁場的N極。

十萬個為什麼

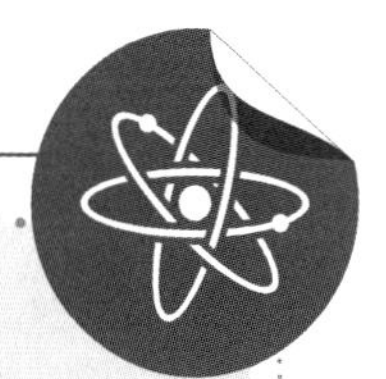

磁感線是什麼？

這得從磁場說起。

磁場能傳遞運動電荷或電流，於是便有一條條人眼看不見的「線」輻射出來，便是磁感線。磁感線從磁場的N極出發，回到S極，在運動的過程中，會產生力的作用，這種力便被稱為磁力，而身處磁場中的電荷或電流就會受到磁力的影響。

36 絶對零度下的神奇現象

昂內斯與超導體

電阻，是電磁學中一個較常見的物件，顧名思義，就是能限制電流通過的電子元件。

當然，電阻並非完全阻斷電流，否則就無法形成電流的迴路了。

然而，世事無絕對，有一位物理學家卻意外發現，電阻在一定條件下，它對電流的阻礙作用竟然會消失，也就是說，電阻也可以不成為「電阻」。

這是個什麼實驗呢？

一八八二年，荷蘭物理學家海克·卡末林·昂內斯擔任萊頓大學的物理教授，並創建了萊頓實驗室，這個研究低溫的實驗室之所以後來聞名遐邇，是因為二十九年後昂內斯所做的一個實驗。

一八二三年，法拉第發現氯氣可以被液化，從此，很多物理學家一窩蜂地做起了將各類氣體液化的實驗，他們發現了液氧與液氮，但在液化氦氣的時候出了問題。

科學家們發現，他們無論如何也不能實現氦的完全液化。

這個看似簡單的問題不知難倒了多少高智商的人，昂內斯也被吸引，決心在萊頓實驗室中解決這一難題。

他的努力沒有白費，一九〇八年，昂內斯和同事們經過日夜鑽研，終於在七月十日實現了氦的液化，這是物理學史上的一大進步，讓所有人都奔相走告。

但是，昂內斯並不滿足，他有更高的追求，即氣體液化後，會有怎樣的性質呢？

他思考了很多問題，其中包括金屬在溫度接近絕對零度時，電阻會發生怎樣的變化。

根據經典物理學理論，純金屬在溫度下降時電阻也會跟著下降，在溫度達到絕對零度時電阻值會為零。

可是另一種說法卻恰好相反，認為電阻值會隨著溫度上升而逐漸增加，且阻值會達到無限大。

由於沒有人做過實驗，所以大家都不知道兩種觀點孰錯孰對，昂內斯就決定自己動手，揭開絕對零度的祕密。

一九一一年，他用液氦將鉑冷卻到接近絕對零度，發現鉑的電阻值確實有一些下降。

昂內斯很高興，對助手說：「大家再努力一把，勝利就在眼前了！」

大家興致勃勃地繼續開展實驗，將溫度調低至絕對零度，卻沮喪地發現鉑的電阻不再下降，而只是保持了一個平穩的數值。

難道說，絕對零度下電阻為零的情況真的不可能發生嗎？

昂內斯不相信自己的猜測出現了錯誤，他和助手認真分析，得出一個結論：做實驗的鉑含有雜質，才使得阻值不能繼續下降。

經過深思熟慮，昂內斯將目光投向了比鉑金屬更純淨的水銀。

當他提鍊出純水銀後，他再一次精神抖擻地展開了實驗。

四月份的一天，春光明媚，昂內斯事業上的春天即將到來，只是他暫未察覺。

他正在認真地降低水銀的溫度，當溫度降至開氏四・二K時，水銀的阻值突然消失，昂內斯趕緊又調高了溫度，發現消失掉的電阻值又回升了。

奇怪，四・二K並非絕對零度啊！

昂內斯以為是電路出現了短路現象，就反覆做著這個實驗，卻始終得到水銀在四・二K時阻值消失的結果，他這才驚喜地說：「我想我找到一種新性質了！」

在接下來的兩年內，他又做了關於其他金屬在低溫時的電阻變化實驗，終於發現了「超導體」這一現象。

從此，超導體這個詞風靡全球，而昂內斯也因自己的傑出貢獻成為了一九一三年諾貝爾物理學獎的得主。

超導體，就是指導電的物體在溫度接近絕對零度時，其本身的電阻趨近於0的材料。

由於電與磁是相互關聯的，所以當超導體的通電情況發生變化時，它對磁感線的感知也會出現異常情況。

一九三三年，兩位科學家在實驗中發現，超導體具有抗磁性，也就是說磁場對超導體是不具備影響的。

超導體有什麼用處呢？

目前，它可被用於發電、製造超導體計算機和磁懸浮列車、進行核聚變反應等，是非常有用的一種高科技材料。

十萬個為什麼

什麼是絕對零度？

絕對零度是熱力學的最低溫度，約等於攝氏溫度下的零下兩百七十三・十五℃，其單位是K，也就是開氏溫度的溫標。

不過，絕對零度是一個理想狀態，現實中永遠無法得到。因為物理學家馬克士威證明，若空間不存在熱量時，便能達到絕對零度，可是這種情況是不可能存在的，所以科學家們只能創造出無限逼近絕對零度的條件，而無法讓空間處於絕對零度之下。

37

屢遭質疑的偉大學者

焦耳與焦耳定律

當一個人被質疑時，他會產生怎樣的情緒？是憤怒、反擊，還是失望、逃避？

或許可以學英國物理學家焦耳那樣，用持續不斷的研究來向世人證明自己理論的準確性。

焦耳，生於一八一八年，是個勤勞踏實的摩羯男，他的家境一般，從小就跟父親一起釀酒維生，後來遇到了恩師——化學家道爾頓，才被領入物理學和化學的大門。

焦耳從十六歲開始，就對電有了強烈的探索慾望，他還專門將家裡的一間雜物室改裝成實驗室，一有空閒時間就進去研究，讓他的父親直嘮叨：「有時間多賺點錢啊！忙那些無用的做什麼！」

年輕的焦耳只是嘻嘻一笑，又去研究那些電子元件去了。

焦耳雕像。

對於自己沒有上學這件事，焦耳並不責怪父親，畢竟父親只是一個啤酒作坊老闆，沒有多大的抱負，只想讓兒子繼承家業，焦耳覺得有道爾頓老師的悉心指導就足夠了。

二十歲那年，焦耳做了一個關於通電導體放熱的實驗。

他將電阻絲繞在玻璃管上，相當於做了一個電熱器，然後用電流計測量電熱器的電流。

剛開始的時候，他只是想看看電流大小，後來他突然想到：電流經過時經常伴隨著發熱現象，為何不再測一下電流的溫度呢？

他為自己的這個想法拍手叫好，便設計出了一個雖簡單卻很實用的方法。

他將電熱器放入一個裝有一些水的玻璃瓶中，通上電，開始觀測玻璃瓶中水的溫度。

他一邊觀察一邊用鳥的羽毛輕輕攪水，以達到讓水溫均勻的效果。

透過一次一次的實驗和計算，他發現了規律：電流通過導體時，產生的熱量跟電流的平方、導體的電阻、通電時間成正比。

其實說起來，實驗的步驟和結論一點也不複雜，普通人都能做到，但科學家之所以偉大，是因為他們具有開創性。

焦耳很快寫了一篇論文，論述了自己的觀點，並發表在英國的雜誌上。

可惜，學術界對此反應冷淡。

原因自不必說，焦耳沒上過學，他的專業是釀酒而非物理學，再加上太年輕，嘴上沒毛說話不牢，如此一個在身上標著「三無」的年輕人，

怎麼能令人放心呢！

好在焦耳是幸運的，第二年出現了一個俄國彼德堡科學院的院士冷次，人家也做了一個和焦耳一樣的實驗，並得出了跟焦耳一樣的結論。

人們這才知道錯怪了焦耳，於是將焦耳的理論命名為焦耳定律。

不過做為一個業餘物理學家，焦耳在後來的幾年仍舊受到了不公正待遇，比如二十五歲那年，他發表的一篇論述一千卡的熱量相當於四百六十千克米的功的論文同樣沒受到業內人士的關注。

可是焦耳不是個容易被挫折擊潰的人，他發明了更精妙的實驗，並得出了更準確的資料，如此一來，他獲得認可了嗎？

當然還是沒有！

很多時候，鯉魚跳龍門可沒那麼簡單。

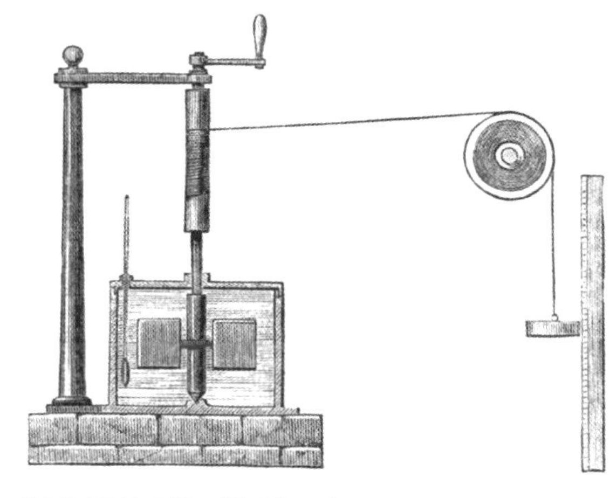

焦耳測量熱功當量裝置的示意圖。

直到焦耳三十二歲時，一些科學家論證出了焦耳的理論，他才贏得了大家的信任，從此榮譽紛至遝來，得以躋身於世界知名物理學家的行列。

焦耳研究的是電能轉換為熱能的現象，所以焦耳定律也是關於這方面的內容，它的數學運算式為：電流通過導體時產生的熱量＝電流的平方 x 電阻 x 通電時間。

除了發現焦耳定律，焦耳在物理學上的貢獻還有：

一、破除了永動機的迷信，成為能量守恆定律發現者之一，該定律即在一個封閉系統內，總能量是固定不變的。

二、與喀爾文同時發現氣體在自由膨脹時溫度會下降，從而得出了焦耳－湯姆遜效應。

焦耳這一生可謂大起大落，在經歷青年時期的被質疑後，他因名氣大增而一度富有，可惜到了晚年他因沒有正式職位而陷入經濟上的窘境，加上健康惡化，差點就生活潦倒。

幸好他的朋友幫他獲得了養老金，才使他可以比較舒服地安享晚年。六十歲那年，他發表了最後一篇論文，隨後就停止了物理學上的研究，一直到終老。

【十萬個為什麼】

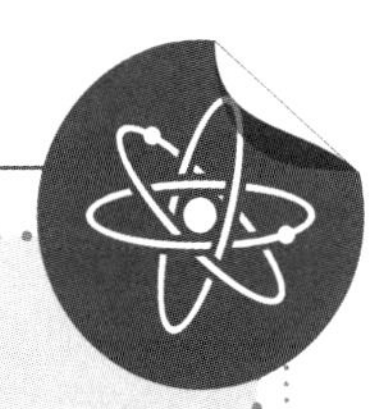

永動機是什麼？

永動機，從字面上看，就是永遠會動的機器，它之所以誘人，是因為在很長一段時間裡，人們將不切實際的幻想寄存在它身上：不需要消耗任何能量，還能永遠對外做功。

永動機違背了能量守恆定律，宛若物理學中的搖錢樹的童話，是不可能被創造出來的。

38

用實驗法證明電子存在的第一人

湯姆遜

電，即使是人人都熟悉的事物，電會帶有電流，還會產生磁場，除此之外，是否還有更多人類未知的事物？

物理學家對「電」的研究時間超過兩百年，他們都想弄清楚在放電同時會產生多少現象。

熱量、火花、動能、磁力都研究過了，難道就沒有其他發現了嗎？

在十九世紀中葉，一位名叫蓋斯勒的德國物理學家發明了一種利用氣體來放電的玻璃管，第二年，另一位科學家用蓋斯勒管進行試驗時發現，當玻璃管正對著電流磁場的陰極時，玻璃壁上能發出綠色的螢光。

這種綠光是怎麼來的呢？

德國物理學家戈爾茲坦發表了一個嶄新的觀點：電磁的陰極會放出一種陰極射線，所以綠光才會產生。

頓時，戈爾茲坦的解釋掀起了軒然大波，科學家們紛紛推測，在電磁學領域，有一種全新的電學現象未被參破，而這極有可能書寫全新的篇章。

可是，新的問題又出現了，陰極射線由什麼物質組成呢？

二十多年後，一個名叫約瑟夫・約翰・湯拇遜的人粉墨登場了，他也是個資優生，理科成績極佳，他還特別會做實驗，而且是前人都想不到的實驗，並獲得了巨大的成就。

一八九七年，湯姆遜先做了第一個實驗：他將一塊塗有硫化鋅的玻璃片放在陰極射線的必經之地，結果硫化鋅發出閃光，於是陰極射線的路徑被顯示出來了。

隨後，他又開始了第二個實驗：在射線管的外面加上電場，或直接用一塊馬蹄形的磁鐵去影響射線，結果原本是直線行進的射線發生了偏折，於是湯姆遜發現射線帶的是負電。

這一年，湯姆遜遞交了一份關於陰極射線的研究報告，他向世人宣布：陰極射線不是乙太波，而是一種帶負電的粒子。

此言一出，大家反倒更加疑惑了：你說是粒子，那粒子是什麼？

湯姆遜只好去做更多的實驗，來證明粒子的性質。

本來他以為這種粒子是一種被電離的原子，誰知實驗測算下來，該粒子的質量比原子要小很多，大概只有後者的兩千分之一。

湯姆遜沒有給這種粒子取名字，直到一八九一年，物理學家斯通尼才為其取名為「電子」，但湯姆遜因是首次用實驗法分析出原子是由很多電子組成的物理學家，所以備受推崇，一夜之間揚名海內外。

從此，「電子」這種嶄新的粒子便進入了人們的視野，而湯姆遜也因此被人們譽為「最先打開通向基本粒子物理學大門的偉人。」

組成物質的粒子有分子和原子，其中分子是由原子組成的，但有些

物質亦由原子直接構成。

至於原子，則是由原子核和電子構成，湯姆遜雖然沒發現原子核，但在他那個年代，用實驗法發現電子已經是一項了不起的成就。

電子帶負電，圍繞原子核旋轉，能量低的電子離核近，能量高的則離核遠。當幾個原子結合形成分子時，一個原子最外層的電子就會成為幾個原子共用的電子。

【十萬個為什麼】

靜電是怎麼產生的？

電子繞原子核旋轉，本來有自有的軌道，但如果受到外力影響，就會掙脫軌道而跑到其他的原子裡去。於是，少了電子的原子帶正電，多了的則帶負電，由這兩種原子組成的物體之間即可產生靜電。

39

電流磁效應的反向定理

法拉第的電磁效應

自從奧斯特發現了電流的磁效應後，就有不少人進行了逆向思考：既然通電後能形成磁場，那麼磁場是否也能生成電流呢？

這個問題就跟雞生蛋，蛋生雞差不多，但當時未有實驗證明，所以誰都不敢妄下定論。

在電流磁效應理論發表的兩年後，有兩位物理學家發現金屬能消耗磁針因震盪而產生的機械能，他們把這種消耗機械能的作用稱為阻尼作用。

阻尼理論已具備磁生電的雛形，可惜由於發現者認為沒有電流產生，所以未能及時發表。

又過了兩年，這兩位物理學家中的其中一位又做了一個銅盤實驗，他發現當銅盤轉動時，懸在銅盤上空的磁針竟然也會旋轉。

這時，距離磁生電的理論已經很接近了，可惜實驗者發現磁針旋轉的速度沒有與銅盤的轉速一致，心裡一緊張，結論又沒有發表！

就這樣，到手的鴨子飛了，飛到了一個叫法拉第的物理學家手裡。

法拉第是一個一絲不苟的人，他只讀過兩年國小，因此對學院知識

十分推崇，在做實驗時也是格外中規中矩，結果喜獲豐收，讓之前的兩位科學家懊悔不已。

這倒和探險的性質差不多，在野外，發生事故的往往是有經驗的老手，而尚且稚嫩的新手反而相安無事。為什麼呢？因為老手自以為經驗豐富，粗心大意唄！

法拉第肖像畫。

三十歲那年，法拉第受到奧斯特的啟發，想試探一下如果磁鐵固定不動，通電的線圈是否會繞著磁鐵運動。

結果他發明了世界上第一台電動機，當然，這並非利用了磁生電的原理，因為這台電動機的電流不是透過磁鐵給予的。

一晃十年過去了，法拉第仍在苦苦思索磁生電的原理。

有一天，他用兩個線圈繞在了一個軟鐵環的兩側，由於鐵環是中空的，他便起了好奇心：如果把磁鐵插進鐵環中央，然後讓鐵環組成一個閉合迴路，是否就會有電產生了？

他覺得這個想法不錯，便立即動手實施。

結果令他雀躍不已：儘管迴路中沒有電池組，可是電流計的磁針仍然發生了偏轉，這說明當磁鐵穿過閉合線路時，的確是有電產生的！

嚐到甜頭的法拉第無法抑制自己的激動心情，他決定立即論證電磁感應定律的精確程度，便繼續馬不停蹄地做實驗。

他將靜止的磁場、電流、導體分別變成運動狀態，在經歷了幾十個實驗之後，他滿意地看到，磁作用力在任何狀態下始終能讓線圈產生電流，電磁感應定律是正確的！

有了這一個定律做基礎，法拉第很快發明了世界上第一台發電機，從此人類創造電的時代開始了，法拉第為人類日後的生活做出巨大的貢獻。

法拉第的實驗室。

電磁感應定律是電磁學領域中一項非常偉大的發現，它真正實現了電與磁之間的轉化，還推動了電工、自動化、電子工程技術、電氣化等一系列行業的發展，至今仍受到人們的重視。

在發現電磁感應定律後，法拉第沒有止步不前，他繼續探尋全新的理論，其貢獻如下：

一、一八三七年，他論證了電和磁的周圍有場的存在，駁斥了牛頓力學的傳統觀念。

二、一八三八年，他提出「電力線」的概念。

三、一八四三年，他用「冰桶實驗」證明宇宙中的電荷是守恆的。

四、一八四五年，他發現了「磁光效應」，證實光與磁能相互作用。

五、一八五二年，他提出「磁力線」的概念，後來英國物理學家馬

克士威根據磁力線理論完成了經典電磁學理論，可知法拉第是經典電磁學的奠基人。

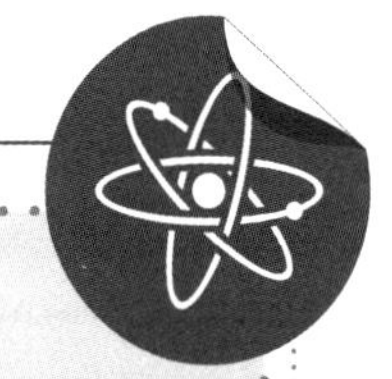

【十萬個為什麼】

電動機與發電機的區別是什麼？

電動機：採用電流磁效應理論，讓線圈通電後產生磁場，從而使磁場中的磁針發生扭動，產生機械能。

發電機：利用的是電磁感應定律，先藉助外力，使不帶電的線圈切割磁感應線，從而產生電流。

總而言之，電動機是靠電能產生機械能的，而發電機正好相反，靠機械能產生了電能。

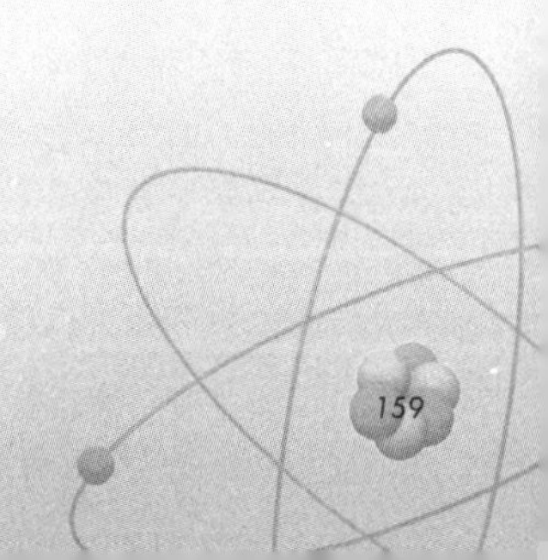

40

讓美國人自豪的物理學家

自感現象發現者亨利

十九世紀上半葉，奧斯特、法拉第發現電磁兩大理論，從而奠定了電磁學的基礎，讓世界為之矚目。

就在全世界為英國人歡呼的時候，遠在大西洋彼岸的美國人沉不住氣了。

其實，英美本一家，早在十五世紀末哥倫布發現美洲新大陸後，美國就成了英國的殖民地，接下來的三百年裡，無數英國人移民到北美大陸上，才形成了今日美利堅的繁榮局面。

不過，既然分了家，所謂的民族榮譽感也就冒出來了，當年拼死拼活要遠走他鄉，不就是為證明美國比英國好嗎？

可是說來也奇怪，本是同根生的兩個國家，為何英國就如雨後春筍般冒出科學家，而美國就不行了呢？

當法拉第發現了電磁感應定律後，美國人又是羨慕又是嫉妒，在長吁短嘆中度過一年的時間。

他們不知道，其實早在法拉第發現電磁感應的前一年，已經有個美國人得出了與前者同樣的結論。此人就是美國的物理學家亨利。

一八三〇年，亨利也想論證磁能生電的原理，但是他比法拉第想的更為複雜。

亨利被認為是本傑明·富蘭克林之後最偉大的美國科學家之一。

法拉第只想讓磁鐵生電，而亨利則是先讓電生磁，然後再讓磁生電，所以法拉第所做的工作是讓磁鐵在線圈中運動，而亨利則忙著改變線圈中的磁感應強度。

但不管怎樣，這兩人的想法是差不多的，都往著電磁感應定律的方向，可是先比法拉第早一年發現該定律的亨利卻比前者晚了足足一年才發表自己的成果，這是為什麼呢？

這還得怪美國人自己。

由於歐洲是當時的科學中心，所以美國人就有點自暴自棄了，他們獲得的學術進展和科學設備總是比歐洲落後一大截。亨利是兩門學科的講師，課務繁重，加上技術落後，導致做為第一個發現電磁感應的他竟然比第二個發現者晚了一年才提交了自己的論文。

沒想到美國人反倒抱怨起亨利來了，埋怨他不早點發表論文，錯失了讓本國人揚眉吐氣的機會。

亨利沒有辦法，什麼叫命運？這就是他的命運，時不我待，他又能如何呢？

不過，上帝在關上一道門的時候，往往會打開一扇窗戶。

老天還是厚待亨利的，馬上有很多物理學家注意到亨利論文末尾的那句話：通過電流的長導線斷開時會產生火花。

這便是誰都不曾留心過的電磁「自感現象」。

亨利大受鼓舞，他又一口氣做了十四個實驗，確定了各種形狀導體的電感大小。

六十年後，美國芝加哥召開了一次國際電學家會議，來自世界各國的物理學家一致認同將「亨利」做為物理學界的計量術語。

這是第一個被世界通用的美國人的姓氏，足以讓整個美利堅歡欣鼓舞，亨利也一躍成為全美國的偶像，受到了大家的狂熱崇拜。

說到自感現象，其實它屬於電磁感應現象，研究的是當導體本身電流發生變化時電磁感應的現象。

自感現象究竟有著怎樣的規律呢？

原來，亨利發現，當電流加大，自感電動勢就與原來的電流方向相反；當電流減小，自感電動勢的方向還跟原來電流的方向一樣。

根據這種現象，科學家們發明了日光燈的鎮流器，它不僅能限制電流，還能瞬間產生高壓，使得電流能穩定通過燈管，讓日光燈正常發光。

不過自感現象也有弊端，因為過強的電流一旦被瞬間切斷，產生的自感效應會燒壞開關，所以人們得為這種電流安上特殊的安全開關，以保障人員的安全。

為什麼斷電時會產生火花？

　　這便是因為自感效應。當電路突然中斷時，產生的電流會比流通時的更大，有些大型的電器甚至能在斷電時產生十倍於正常情況下的電流，期間會伴有電弧產生，也就是我們看到的火花。

　　如果不想讓斷電時的火花閃起，可使用帶有滅弧罩的接觸器或空氣開關，就可以熄滅火花了。

41

無線電事業的奠基人

證實電磁波存在的赫茲

說起電磁學，有一個人不能不被提及，他就是德國物理學家赫茲。

赫茲為人類做出了一個巨大的貢獻，那便是用實驗證實了馬克士威猜想出來的電磁波。

可別小看這一項成績，正因為赫茲的發現，人類才得以發展起無線電技術，從而推動了文明的進步。

所以說到赫茲，得先說一下馬克士威。

馬克士威是英國的物理學家、數學家，他一手創辦了經典動力學，還將光學與電學統一起來，被人譽為是能與牛頓相媲美的科學家。

由於赫茲對電磁學有很大的貢獻，所以頻率的國際單位制單位赫茲以他的名字命名。

可惜馬克士威壽命不長，只活到四十八歲，不過亨利就更短暫了，竟因牙疾而在三十七歲就一命歸西，兩

人都致力於電磁波的研究，算不算一種命運的巧合呢？

一八六五年，馬克士威提出電磁波是一種恆波，並預言電磁波的傳播速度等於光速，這吸引了大家的目光，誰都想來證實一下這個推測是否正確。

不過，當時的物理學是力學的天下，每一位物理學家都試圖用力學的概念去證明其他學科的推論，這當然是不現實的。

於是，馬克士威給眾人留下了一個大難題：光是電磁波的一種，但光波的頻率只佔了電磁波頻率的一小段，請證明其他電磁波與光波一樣，以光速傳播，且具有反射、折射、衍射、干涉、偏振等光的現象。

一八七九年，柏林普魯士科學院再度重金懸賞，請科學家論證電磁波。

這個懸賞令的發起者是物理學家亥姆霍茲，其實他一直在做電磁波的研究，卻苦於毫無結果。

而亥姆霍茲的學生赫茲也誓將電磁波的研究進行到底，可惜他要忙著做別的，就逐漸忘了這件事。

說來也奇怪，懸賞令彷彿是為赫茲量身訂造的一樣，赫茲不證明，就沒人證明得了，於是一晃八年過去了，那麼高的酬金，硬是沒人能拿下來。

到了第八年，赫茲才突然回憶起懸賞令的事，他拍了一下腦門，自嘲道：「我怎麼能把正事給忘了呢？」

隨後，他花了一年的時間去完成論證實驗。

他做了一個電磁波的發生器和一個檢測器。發生器上有兩個銅球，而檢測器則由銅線構成迴路。

當銅球振盪時，圓形的銅線則會感應出電動勢，赫茲讓發生器和檢測器達到諧振的狀態，於是檢測器就隨著發生器而一起強烈振動，火花隨之產生，電磁波便被檢驗出來了。

赫茲一邊移動檢測器的位置，一邊紀錄下資料。

最終，他大笑起來：「馬克士威真是個神人啊！電磁波的波速真的等於光速！」

經過計算，赫茲得出結論：電磁波是真實存在的，且其波長是六十六公分，為光波波長的一百零六倍。

驗證了電磁波的存在才僅完成了任務的一半，接著赫茲又一一檢驗電磁波的各種性質，發現電磁波確實與光波性質相符。

由於赫茲的實驗，物理學界終於接受了馬克士威的理論，從此電磁學站穩了腳跟，而赫茲也成了電磁學界的一大功臣。

赫茲理論的具體內容有哪些呢？

一、電磁輻射：當電場與磁場相結合時，便會產生電磁輻射，它是一種能在空間中傳播能量的波，由一種叫光子的粒子組成。

二、頻率：物體在單位時間內完成週期性變化的次數，頻率的單位為「赫茲」。

三、光電效應：在高頻率的電磁波照射下，某些物質內的電子會被打出來，形成電流。

根據自己的發現，赫茲研究出發射、接收電磁波的方法，也就是說，

他發明了無線電。

這是一項了不起的貢獻，它給人們增添了廣播、電話、電視、無線電緊急定位服務、衛星、雷達、微波爐等一系列物品，極大地豐富了人們的物質和精神世界，方便了每一個人的日常生活。

【十萬個為什麼】

微波爐為什麼能加熱食品？

微波爐是用微波來加熱飯菜的，而微波是一種電磁波，根據電磁波的理論，電磁波在振盪時能夠產生能量。

由於微波爐能將電磁波全方位地反射在烹調腔內，所以熱能也就能很均勻地發散出去，從而就能讓食物由冷變熱了。

42

第一部有聲電影的誕生

聲音與電能的奇妙碰撞

電影，在二十一世紀可謂無人不知，無人不曉，而且其日新月異的速度飛快，已從２Ｄ發展到了３Ｄ、４Ｄ的階段，可以讓人們身臨其境地感受鏡頭裡的奇妙世界。

但是在二十世紀上半葉，電影還是一個很新奇的事物，正是因其少見，所以人們趨之若鶩，紛紛以觀看電影為時髦的事情。

一部早期的電影放映機。

最早的電影被稱為「默片」，即指沒有聲音的電影。

不過若電影完全沒有聲音，肯定會顯得非常乏味，於是電影公司會在放映的時候請一支演奏樂隊到電影院，為默片進行伴奏。

一九二七年，一部名為《爵士歌王》的電影開始上映。

那個時候，默片已經發展了一百多年，各種情節花樣百出，電影演員也換了一批又一批，所以人們以為這僅是一部普通的默片而已，若說要有什麼期待，就是期望影片的內容能比過去好看一些。

不過電影一開場，觀眾還是感覺到了失望，因為影片無非講的是一個窮孩子想當流行歌手的故事，而同等類型的電影，好萊塢數不勝數。正當大家心中有點抱怨時，飾演男主角的喬爾森說了一句話：「等一會兒，我告訴你，你不會什麼也聽不到。」

宛若一石激起千層浪，沉悶如真空的電影院裡瞬間熱鬧了起來。

人們驚訝極了，懷疑自己的耳朵是不是出現了幻聽，他們焦急地盯著男主角的嘴，希望螢幕上的人物再說出隻言片語，可惜始終未能如願。

有些人以為自己聽錯了，可是更多的人卻搖著頭，興奮地說：「我剛才聽到主角說話了！他真的說了！」

「肯定是說話了！我們都聽到了！」越來越多的人加入了討論的隊伍，很快，寧靜的影院裡人聲鼎沸，大家都為剛才的發現手舞足蹈。

接下來，電影放不放、好不好看也無所謂了，總之《爵士歌王》一夜之間成為全城最熱門的影片，而說話的主演喬爾森也鴻運當頭，成為著名的好萊塢影星。

儘管《爵士歌王》從頭到尾只說了那麼一句話，但是因為它是人類歷史上第一部發出人聲的電影，所以備受關注，其風頭甚至連晚了兩年上映的第一部真正的有聲片——《紐約之光》也自愧不如。

頭頂第一部有聲片的光環，《爵士歌王》從一九二七年開始就被無數次地翻拍，相信喬爾森當年都想不到，自己一句無心的話，竟然成為了一個新時代的開端。

其實，最初的電影就是將影像紀錄下來，聲音並非實物，無法進行拍攝，那麼，電影究竟是怎麼做到發聲功能的呢？

原來，這還要多虧電磁學的功勞。

電影人為了讓聲音和畫面同步，會進行錄音。當聲音透過錄音的話筒時，會推動話筒裡的膜片振動，這種動能因電磁感應而產生了電流。

這時，赫茲的電磁波就出來發揮作用了。

當電流變強時，振動頻率會增大，反之則減弱，這代表著感應電流信號發生了變化。

那麼如何讓電流變成膠片中的聲音呢？

技術人員將感應電流透過放大器放大，然後流經一個白熾燈泡，電流的強度直接影響到燈泡的亮度，此時，電信號就變成光信號了。

然後，將燈光聚焦後投射到電影膠片上，如此一來，電影的聲帶底片即可完成，最後還原聲音，只要將上述過程倒著做一遍，即能將聲音放出來了，這就是所謂的「光學錄音」。

當然，現在還有更方便的磁錄音，就是將電信號紀錄在磁帶上，這比光錄音要簡單一些，所以被如今的人們廣泛使用。

【十萬個為什麼】

攝影機為什麼能拍攝影片？

攝影機採用的是將光信號轉換為電信號的原理，它透過光學鏡頭將被拍攝的物件折射到攝像管中，然後光敏原件就將光學圖像轉變成了帶電荷的電信號，最後從攝影機裡輸出。所以攝影機有點類似於人類的眼睛，即先紀錄光，然後成像，最後輸出圖像。

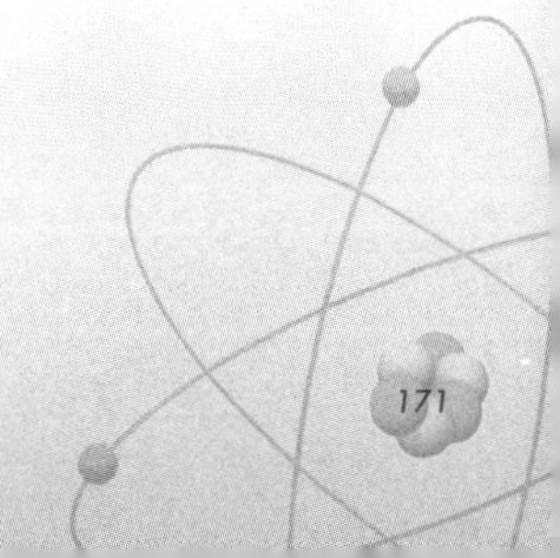

43

一則童話引出的發明

電子門鈴的誕生

據說在中世紀的歐洲，有個專門在雷雨之夜出來偷東西的精靈。精靈不偷別的，專偷鐵器，人們燒飯用的鍋、種田用的犁，經常會被祂偷去，人們對此恨之入骨。

可是沒有人敢抓精靈，因為大家都很害怕閃電，一聽到打雷聲就嚇得躲進被窩裡，哪裡還敢出來呢？

其中鐵匠的損失最大，恰巧有一個鐵匠剛開作坊不久，年輕氣盛，膽子非常大，他很不服氣，想要活捉精靈。

人們聽說後都勸他不要冒失：「聽說那雷電就是精靈放的呢！他可厲害了！」鐵匠無所謂地搖搖頭，目光炯炯有神，他堅定地說：「就算是會放電的精靈，也打不過我這個身強力壯的鐵匠！」

眾人見鐵匠執意要冒險，只得嘆息著走開了。

第二天中午，天色灰濛濛的，看樣子一場雷雨是在所難免了。

鐵匠趕緊行動，他假裝關門回家休息，實則又偷偷地從後門溜進作坊，躲在一個大櫃子底下，靜候精靈的來襲。時間一分一秒地流逝，鐵匠手握著一把大鐵錘，手心裡全是汗，連大氣也不敢出一下。

到了傍晚時分，天上黑壓壓的烏雲轟隆隆地響起來，幾乎就在同時，幾道閃電如同箭矢一般，飛速地射進了鐵匠的作坊。

隨後，鐵匠看到了令他目瞪口呆的一幕：所有的鞋釘和縫針都在一剎那間撲向了作坊中大塊的鐵器，同時發出「叮叮噹噹」的聲音，彷彿小溪撞擊石頭發出的聲響。

緊接著，黏著細碎鐵製品的錘子和砧板騰空而起，竟慢慢地往窗外飄去。鐵匠再也忍不住了，他跑到外面一看，一個身形瘦小的侏儒正拿著一塊和自己差不多高的磁鐵在吸鐵器呢！

鐵匠不由得怒髮衝冠，提著鐵錘要去打侏儒。

誰知侏儒將手中的磁鐵對著鐵匠一舉，鐵匠的鐵錘立刻就脫了手，被侏儒取走了。

喪失了武器的鐵匠暴跳如雷，他乾脆赤手空拳向侏儒跑去。

侏儒嚇得臉色大變，他從未見過像鐵匠這麼勇敢的人，只好丟了磁鐵趕緊逃命，從此人們再也不會丟失鐵器了。這雖然是個童話，卻蘊涵著電磁學的原理──電流磁效應，即電能使鐵產生磁性。

後來，美國科學家亨利讀了鐵匠的故事後，受那些鞋釘和縫針發出的聲音啟發，發明了電鈴。他先將一個馬蹄形的鐵塊與一塊銜鐵相連，然後在銜鐵的一端掛一個小錘，錘對著電鈴的鈴蓋，但留有一定的空隙。

當亨利按下電鈴的開關後，馬蹄鐵便處於一個電路的迴路中，因電流磁效應而產生了磁性，遂將銜鐵往下吸，結果銜鐵上的小錘就會與鈴蓋接觸，此時再斷開電路，小錘又會反彈回去，如此反覆，電鈴便發出「叮鈴叮鈴」的撞擊聲，這便是早期電鈴發聲的物理學原理。

其實門鈴自古就有之，不信請看如下事例：

最古老的門鈴：古代中國，大戶人家在大門上裝有大大的門環拉手，當有客來訪時，客人就會抓著門環重重地叩打大門，以吸引屋裡人的注意。

最費力的門鈴：在歐洲，人們將門鐘裝在家門外，客人想進屋，就只能敲鐘來通知主人，往往還未進屋就敲出一身汗。

最討巧的門鈴：一八一七年，蘇格蘭一位發明家發明了一種壓縮空氣的門鐘，這口門鐘能發出很大聲響，而且原理也很簡單，可謂十分討巧。

【十萬個為什麼】

為什麼電鈴的電路可以反覆斷開和連接？

一、直流電鈴：發聲的膜片連著一個觸點開關，當電源接通時，線圈產生吸力，將膜片吸走，隨後電膜片復位，又撞擊出點，如此便可使膜片振動發聲。

二、交流電鈴：由於交流電的電流是變化的，所以線圈對擊打鈴蓋的小錘的吸力也在發生變化。當電流值最大時，小錘就被吸引過來敲鈴，當電流值為零時，小錘就不會敲擊了，所以也構成了電路的反覆連接與中斷。

44

會「咬人」的電

正確防止觸電之法

這世上有第一個吃螃蟹的人，自然也就有第一個觸電的人。

當物理學家們完成從收集電到創造電的過程後，電開始被大量地製造出來，極大地方便了人們的日常生活。

有一天，一個家庭條件不寬裕的美國人在偶然間發現自家電燈的電線有一處破損，便想用布條將破的地方包起來。他家的電線已經用了十年，線路老化很正常，換一條新線就可以，然而危險的是，這個美國人根本不知道電的威力，也就釀成了接下來的悲劇。

當他檢修電路時，直接將手搭在了破損的電線上。

頓時，一股電流張牙舞爪地「抓」住了他的手掌，這個美國人的手情不自禁地就握住了電線，怎麼也鬆不開了。美國人非常害怕，大叫道：「救命！快來救我！」他兒子聞訊趕來，見此情景也非常恐慌，跺著腳狂喊：「爸爸，快鬆手！」美國人直搖頭，他的腦門上全是汗，聲音也帶著哭腔：「不行啊！」

眼見父親的表情越來越痛苦，呻吟聲也越來越大，兒子心急如焚，趕緊去拉已經觸電的父親。

誰知，電流彷彿擁有魔力似的，當兒子幫忙去拉的時候，一股強大的吸力也將兒子吸住了。結局慘不忍睹，父子倆同被電流死死地吸住，最後死於非命。

噩耗一出，所有人都為之震驚，他們這才意識到電是個可怕的東西，會將人「咬」住不放，不禁嚇得面如土色。

一時間，電會咬人的傳言深入人心，大家不敢輕易觸碰帶電的物體，都害怕自己成為下一個遇難者。不知過了多久，人們逐漸忘卻了電流的危害，緊張情緒得以平復，孰料又出事了。

有一個農民在工作了一天後準備回家休息，當他快走到自己的住處時，忽然有根電線掉了下來。恰巧，這電線就落在農民的手邊，而這農民可能是太過於疲勞，竟然疏忽大意，用手背打了電線一下。

立刻，一道藍色的電火花在農民的手背上閃起，電得農民一跳三尺高。這個農民趕緊用另一隻手去撫摸受傷的手背，心有餘悸地想：今天我真是命大，竟然沒被電咬，真是運氣！

這一下，人們也覺得很奇怪：為什麼農民沒有被電「咬」呢？難道電還會分人嗎？後來，有科學家聽說了此事，不由得大笑起來，他告訴大家，電根本就不會咬人，當電接觸人體後，只會產生熱量和火花，所以完全不用害怕。

既然電不會吸人，更不會咬人，那麼那兩個美國人為何會無法掙脫電流呢？

原來，這跟人的生理反應有關。美國人是用手掌接觸電的，當人手

觸電時，手指會不自覺地發生痙攣，從而彎曲，於是便順勢抓住了電線。

此時，雖然觸電的人想放手，可是手指卻被電到麻痺，不聽使喚，時間一長，人的中樞神經也被麻痺，人體不再掙扎，就像被「咬」住一樣。

相較之下，農民是用手背觸電的，當他手指彎曲時，他並沒有抓住任何導線，所以就不會再被電第二下，因此撿回了一條性命。

【十萬個為什麼】

對人體造成傷害的是電壓還是電流？

其實，可以將人體看成是一個電阻，人體本身就能承受一定的電壓與電流。正常情況下，人體能承受的安全電壓為三十六V，安全電流則為十毫安培。

真正對人體造成傷害的是電流，比如冬天人在脫毛衣時，衣服上的電壓很大，卻沒有電流產生，人不會受到絲毫損傷。

電流越大，通電時間越長，就越致命。一百毫安培的電流通過人體時，只需一秒就能讓人死亡。在有防護裝置的情況下，人體可以通過三十毫安培的電流。

第三章

光學與聲學之秀

45

中國古代第一個大型光學實驗

趙友欽與小孔成像

在影視作品裡，王室成員受迫害後，往往棄文從武，成為一介逍遙浪子。

然而現實並非戲劇，文人亦非俠客。

在古代，有很多貴族流落江湖後就成了縮頭烏龜，紛紛隱居在深山老林，還自詡為隱士。

宋末元初的一位名叫趙友欽的學者則勇敢了許多，他雖浪跡天涯，卻還不忘研究科學，最後還將自己的發現集結成書，取名為《革象新書》。

這趙友欽本是宋朝皇族的後裔，當元人的鐵蹄攻入南宋都城臨安後，遠在江西的趙友欽知道大禍臨頭了，只能選擇逃亡。

可能很多人要失望了，趙友欽為什麼沒去舞刀弄棒，反而要當科學家啊？

趙友欽自己也很無辜：我從小就學習天文地理、詩經數術，哪懂得什麼拳腳功夫啊！

在長期的研究過程中，趙友欽對光學產生了濃厚的興趣，想一窺其

中的奧妙。

當時已有一本《墨經》闡述了基本的光學理論，即光是沿直線傳播的。趙友欽覺得這個道理非常高深，就也效仿著墨子的小孔成像實驗做了一遍。

做完之後，他仍意猶未盡，思考道：如果我將小孔不挖成圓形，當日光透進小孔時，影子也會呈現出不規則的形狀嗎？

結果他驚訝地發現，日光的陰影仍然是圓的！

緊接著，他又發現，像幕越靠近小孔，成的像越小，但亮度卻增加了，若像幕遠離，則出現的情況正好相反。這些現象究竟說明了什麼原理呢？

趙友欽決心解開謎團，於是他準備了一個在當時看來非常龐大的實驗。

他在一樓左右相鄰的兩間房屋裡各挖了一口井，左井深八尺，右井深四尺。

接著，他在左井放一張高四尺的桌子，如此一來，左右井的高度其實一樣了。

然後，他又做了兩塊直徑四尺的圓板，還在每塊板上都插了一千根蠟燭。

他把兩塊板各放在左井的桌上和右井的井底，在井口又各放了一塊中間有小孔的木板，然後用熄滅蠟燭的方式來觀測光學現象。

從中，他得出結論：

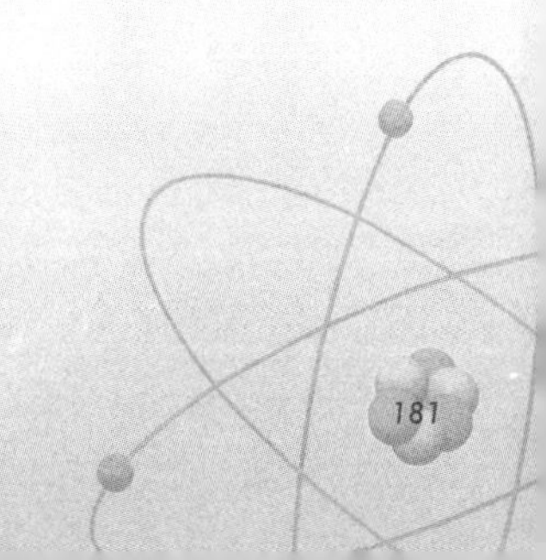

一、這一千根蠟燭是圍成了一個圓形的形狀，所以呈現出的陰影也是圓形的，說明：只要光源、小孔、像幕距離不變，所成的像形狀也不會改變。

二、當把圓板左側的蠟燭熄滅時，反而在右側成像，說明光真的是沿直線傳播的。

三、左井的小孔大，成的像比較亮；右井小孔小，成像較暗，說明小孔的大小對亮度有影響。

四、如果讓圓板只剩下一根蠟燭在燃燒，成的像就是方形小孔的形狀了，說明：光源對成像具有影響。

其實這個實驗除了論證光的現象外，還證明趙友欽是個有錢人，儘管他是個落難貴族，居然還能同時點燃兩千根蠟燭，這根本就是在讓窮人吐血的實驗啊！

趙友欽的光學實驗規模之大，在當時的物理學界是絕無僅有的，他比擅長做大型實驗的伽利略還要早了兩百年，而他提出的光源強度影響成像亮度、像距增大而成像縮小的觀點比歐洲人要早了四百多年，所以可稱得上是十三世紀的一位偉大的物理學家。

除此之外，趙友欽還用光學現象解釋了月亮的盈虧。

他掛了一個黑球在屋簷下，將其當成月亮，然後用光源照在黑球上，讓人從不同的方位去看「月亮」，從而得出因月亮的運行方位不同，所以呈現出不同形狀的結論。

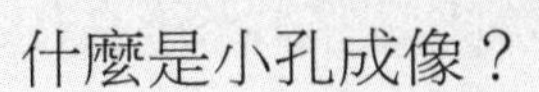

什麼是小孔成像？

這是由春秋時期的墨子最先發明的一種實驗。

方法為：將一個中央帶有小孔的板擋在光源與螢幕之間，然後透過移動光源或螢幕，來查看呈現在螢幕上的圖像的變化。

墨子發現，螢幕的圖像總是倒立的，說明光線在穿透小孔的時候呈直線傳播。不過，小孔不能太大，否則光源打在螢幕上的圖像會發生重疊，圖像就不清晰了。

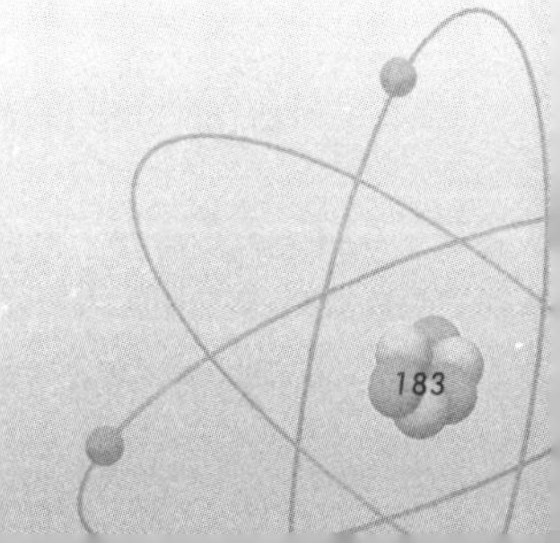

46

「妻管嚴」的時尚發明

光的反射原理

在西元四〇〇〇多年前的新石器時代，中國還處於母系氏族時期，當時的社會流行男女平等，和如今的父系社會很不一樣。

話說當時的人們早就脫離了原始性，過著夫妻恩愛、大家族其樂融融的生活。

既然是女人當家做主的時代，難免會有悍妻產生，不過男人的反應不是肝火過旺，而是努力地巴結討好，哄得老婆心花怒放。

不過對一個名叫灰的人來說，要討他老婆容的歡心可沒那麼簡單。

容是一個要求很高的女人，而且特別嚴厲，灰每次打獵歸來，獵物都要分毫不差地交到容的手裡，獵物太少時，容還會狠狠地將灰碎唸一番。

除此以外，容還不停地指使灰做家事，比如說，容很愛美，就要灰每天早上將一個陶盆放滿清水，以便讓她起床時能照一照自己的絕美容顏。

灰對此倒也挺樂意，他覺得容長得很美，再打扮打扮就更美了，這不是一件好事嗎？

可是有一天，灰生病了，連起床的力氣都沒有，還怎麼給容打水梳妝呢？

結果容醒來後發現灰仍「賴」在床上，頓時勃然大怒，大罵了灰一頓。

灰愣是沒吭聲，他不喜歡解釋，心想，等老婆氣消了就好了。

誰知容怒了一天，都沒有好轉，第二天竟把灰丟在家裡，和母親、姐妹出門玩了，都沒有聽一下灰的解釋。

灰自然委屈異常，他還有點生氣，就決定不去找容，自己玩自己的。

一連幾天之後，灰的病漸漸好了，容卻沒有回來，灰開始感到後悔，他想找個方法來認錯，哄容跟自己回家。

他決定採野花送給老婆，於是興沖沖地去找青銅刀上山。

當他找到銅刀時，正巧一束陽光照在刀鋒時，隨之灰發現有一個影子在刀刃上晃了一下，雖然不是很清晰，但他覺得剛才顯示的一定是自己的臉。

聯想到容特別愛照鏡子，灰雀躍萬分，大笑道：「我有辦法了！」

再說容，她在娘家待了很長時間，始終不見灰來找自己，難免沮喪失望，但她放不下面子，嘴硬地說灰不是適合自己的男人，要母親幫她另擇夫婿。

就在容又是失望又是憤怒時，灰才姍姍來遲。

容驚喜地站起身，剛想迎接，又想起灰的「惡跡」，不由得變了臉色，欲將丈夫教訓一頓。

這時，只見灰不慌不忙地拿出一個圓圓的閃著光澤的銅塊，對容說：

「妳照一照。」

容好奇地對著銅塊一照，立刻發出一聲驚嘆，她發現自己的容顏完好地顯現在銅面上，甚至比在清水裡的還要清晰。

容這才知道灰這些天在忙什麼了，不由得喜笑顏開，夫妻兩人重歸於好，一齊回到家中繼續過太平生活。

灰給容做的，就是在中國古代流行數千年的女性梳妝用品——銅鏡。

銅鏡始於西元前二〇〇〇年的齊家文化，其樣式一面打磨得光滑如鏡，可用來照映物體，另一面則做裝飾之用，雕刻有美麗的花紋。

《女史箴圖》中，女子對著銅鏡梳妝。

銅鏡是用銅做的，為何能照出人的臉呢？

這就關係到光學的一個原理——反射定律了。

所謂反射定律，即指當光照到一個介面上時，發生了反射現象，所以影像就出現了。

這就需要投影的物體與介面必須在同一個空間裡，就跟皮球彈在光滑的水泥地面上然後又反彈回來的道理差不多，所以只要銅鏡的一面磨得夠光滑，就能照射出人的模樣了。

【十萬個為什麼】

小銅鏡為何能照出大人臉？

銅鏡一般都比人臉小，為何只及人臉一半大小的銅鏡能將人的整張臉照出來呢？

原來，銅鏡並非平面鏡，而是稍有凸起的凸面鏡，凸面鏡的反射角度更大，所以能用較小的鏡面去反射較大的物件。

47

精於計算的司乃耳

折射定律的發現

當我們在水中插入一根筷子時，是不是感覺水中的筷子移到了另一個地方，彷彿已經斷了的樣子？這便是光學中的折射現象。

古人很早就發現了這一現象，一開始當然是百思不得其解，後來他們開始思索：會不會是光在照射過程中產生了某種變化呢？

古希臘的物理學家托勒密想到一個偷懶的辦法：既然光進入水面就會出現位移，那我就在水裡用尺直接計算偏移的角度好了！

他便製作了一個圓盤，還在圓盤上插了兩把尺，然後將盤子放入水中，將尺的方向與光線入射和折射的角度重合，最後得出一個結論：光線的折射角和入射角成正比。

這種自以為是的方法當然避免不了錯誤的結局，但好在托勒密提出了光的折射概念，還創造性地告訴大家：光有入射角，也有折射角，兩者之間是有公式相連的！

可惜托勒密的計算失誤，後人仍得繼續努力探索。一千三百多年後，德國物理學家克卜勒也開始探求光的折射定律了。

儘管知道托勒密的結論有誤，克卜勒卻難免受到影響，也想用實驗

的方法來得出折射角。

結果他也失敗了。

幾十年後，荷蘭數學家司乃耳被光的折射現象所吸引，也動起了探究折射定律的念頭。

於是他也做了一個實驗，而且得出了一個正確的定律：在不同介質裡，比如空氣和水，光的入射角和折射角的餘割之比是一個定值。

司乃耳肖像畫。

其實司乃耳的實驗很簡單，就是將一根玻璃棒插入水中，然後測量折射角度和入射角度，從中推導出公式。

司乃耳自己也認為這個公式沒什麼稀奇的，是啊，只要是個數學天才，都知道怎麼做嘛！

結果，他就沒有發表自己的觀點，直到十二年後，惠更斯出書時談到折射定律，覺得得讓這個定律擁有一個開創者，這才將司乃耳的頭銜改為「折射定律的發現者」。

其實，司乃耳做的實驗還沒有托勒密的複雜，可是他勝在理論技術一流，所以成為光學史上的先鋒人物。

此外，司乃耳還曾經測量過地球的半徑，他估算出地球的圓周為三萬八千五百二十公里，而實際的周長則為四萬公里，從中可見，司乃耳確實是一個精於計算的天才！

折射定律，又叫司乃耳定律，就是說，當光線入射到不同介質的介面上時，會發生反射和折射，其中入射角和折射角滿足一定的比例。

由於司乃耳計算出了這種比例，所以他才成為折射定律的創造者。

不過，據最新史料證明，其實司乃耳並非是折射定律的第一人，早在西元九八四年，就有一位穆斯林科學家發現了該定律，只可惜當時的文獻紀錄沒有被人發現，才讓折射定律推遲了七百年才重現人間。

【十萬個為什麼】

為什麼光會發生折射？

雖然我們已經知道光具有折射的性質，但為什麼能折射呢？

這是因為，光是一種波，它如同聲波一樣能傳遞能量。於是，在穿越不同的介質時，這種波必然會受到影響產生偏移。

此外，光波傳遞的細小物質在受到不同介質阻攔時，有一部分反射回來，另一部分進入介質中，但因為介質發生變化了，所以傳播速度也因此改變，這就是光的反射和折射現象。

48

一不高興就搞出大動靜

湯瑪斯·楊與光的波動理論

在物理學界，有一個響噹噹的人物，他涉獵廣泛，文理兼備，且每一樣都很精通，是人們策馬狂追幾十年都不及的人物，他就是湯瑪斯·楊。

有人為了表達對他的崇拜之情，特別稱他為通識學家，且看湯瑪斯有多通識：

姓名：湯瑪斯·楊

國籍：英國

星座：雙子座

學位：博士

專長：光波學、聲波學、流體動力學、造船工程、毛細作用、潮汐理論、引力學、虹吸理論……

副業：數學、語言學、經濟學、動物學、考古學……

愛好：藝術、美術、騎馬、雜耍走鋼絲，幾乎能演奏當時的所有樂器

主要成就：光的波動理論、潮汐理論

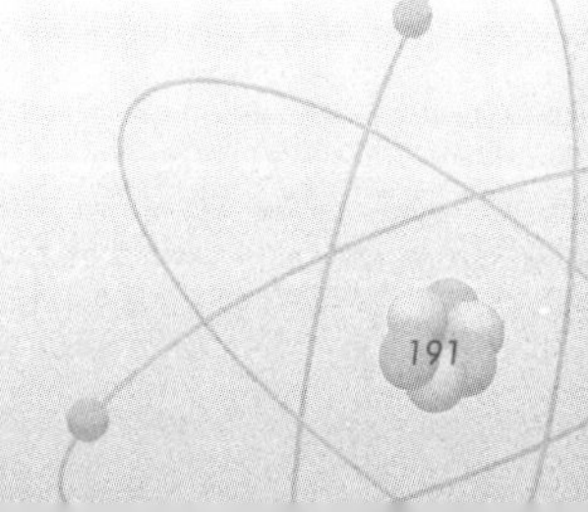

是否覺得已經震驚了？可想而知，用數個頭銜已經不足以概括湯瑪斯的才華了，只能豎起大拇指狠誇：全才啊！

在少年時期，湯瑪斯已經掌握了十門外語，後來他的叔父去世，留給他一筆較大的遺產，讓他可以安心攻克學業。

有了強大的經濟後盾，湯瑪斯很快進入眾人翹首企盼的英國皇家學會，然後僅用了一年就取得了博士學位。

這麼順順利利又將他人比到自慚形穢的湯瑪斯自然遭到了很多人的嫉妒，導致發生下面這麼一件事情——

在一八〇七年，湯瑪斯出了一本關於講述光學知識的書，書中他描述了著名的雙縫實驗。

這個實驗是將蠟燭放在一個中間有小孔的紙面前，在紙的後面，他又放了一張開了兩條平行豎縫的紙。就這樣，燭光透過這兩張紙投射到螢幕上，形成了一條明暗交織的光紋。

湯瑪斯．楊曾被譽為「世界上最後一個什麼都知道的人」。

這個實驗論證了光的干涉現象，湯瑪斯認為，這說明光是一種波，具有波動性，他還測定了波長，這個結果在如今看來也是完全正確的。

後來，他還用光的干涉原理去解釋了光的衍射現象，他將自己的發現盡數寫於書中，向世人闡述這些全新的理論。

但是大家都不買帳，因為湯瑪斯說光是一種波，這豈不是跟牛頓所說的「光是一種粒子」違背了嗎？

眾人覺得，你湯瑪斯聰明，我們傻，那我們認了，但你不可能比牛頓聰明吧？你憑什麼總顯得自己很聰明？

大家覺得揚眉吐氣的時刻總算來到了，就對湯瑪斯的論文進行了輪番的攻擊和嘲笑，大家不停地取笑湯瑪斯荒謬，而這一番輕視，竟足足持續了二十年！

湯瑪斯不服氣，就寫了很多反駁的論文，誰知沒有出版社肯發表他的言論，他只好自費出版，可是銷量非常差，幾乎無人問津。

湯瑪斯一氣之下，放著老本行不幹了，轉而研究起了埃及的象形文字。

在拿破崙遠征埃及時，有一塊刻有三種古老文字的石碑被運到了法國，據說此石碑誕生於西元前二世紀，是王室祭祀的物品。

當石碑來到法國後，無數語言學家和考古家都對其展開研究，卻進展不大，這時湯瑪斯怒氣沖沖地說：「你們都別動，我來替你們解讀！」

他解讀了碑文中的世俗體文字和古希臘文字，還翻譯了十三個王室成員中九個人的名字，最後透過碑文中動物的姿態，譯出了象形文字的讀法。

此時距離他發表雙縫實驗已過去九年，他不想再研究光學了，因為人們總對他惡言相向，甚至譏諷他為「瘋子」，所以他搖身一變，竟然成了一位著名的語言學家和作家。

人生無常，湯瑪斯的前半生非常順利，但上帝卻總要人受點挫折。

不過塞翁失馬焉知非福，正是因為這場光學理論的爭辯，讓湯瑪斯取得了另一番偉大的成就，在他去世後人們為了紀念他，特意在他墓碑上刻下：「他最先翻譯了數千年來無人能解讀的古埃及象形文字」，也許這是命運的另一種恩賜吧！

光是一種波，湯瑪斯．楊的這種理論其實是正確的，後來人們發現，光具有波粒二象性，而且是一種波長在○．三～三微米之間的電磁波。

透過雙縫實驗，湯瑪斯發現兩種波能相互疊加在一起，並產生一種新的波，這便是後來被人們發現的干涉現象，而只有光具有波動性，才能生成如波浪般的波紋，所以他的實驗也是相當成功的，被後人認為是物理學史上最經典的五個實驗之一。

十萬個為什麼

光可分為可見光和不可見光。

可見光：波長在七百七十～三百九十奈米之間，為人眼所能識別的各種顏色，其中紫光頻率最大，波長最短；紅光則頻率最小，波長最長；

不可見光：紅外線、紫外線及倫琴射線。紅外線頻率比紅光還要低，波長則更長；紫外線和倫琴射線則比紫光頻率高，波長更短。

49

能穿透骨骼的恐怖光線

發現X射線的倫琴

電與光，相伴相生。

人們先是發現閃電中有強烈的光芒，後來又發現電流會產生火花，接著，陰極射線被發現，科學家們還論證出這種射線中含有一種名叫電子的粒子。

然而，直到十九世紀末期，人們都沒真正看到過陰極射線，只能透過理論來推測陰極射線的存在。

其實既然已被論證，遲早便會有一個人來發現它，只是那個人是誰，要看緣分了。

一八九五年的一個深秋，德國物理學家倫琴正窩在實驗室裡研究一個克魯克斯陰極射線管。

他將射線管用黑色的紙包起來，然後拉上窗簾，頓時，屋子裡伸手不見五指。

倫琴摸索著接通電源，讓射線管通上電，看起來他使用的黑紙品質非常好，一絲火花也沒有閃現。

正當倫琴閉合電源，想拉開窗簾時，意想不到的事情發生了！

一絲綠色的光宛若幽靈般在他面前一晃而過，瞬間消失了，驚得倫琴一動也不敢動。

倫琴在黑暗中思考了一會兒，覺得這綠光的來源很蹊蹺，便又重新做了一回剛才的實驗。

結果，他又看到了神祕的綠光在黑暗中閃動，宛如一個調皮的小精靈。

倫琴再也忍不住，他點亮一根火柴，照亮了實驗室一方小小的天地，終於發現綠光正對著射線管一米之外的一個亞鉑氰化鋇小瓶上跳動。

難道說，這是一種新型的射線？

倫琴很高興，他將氰化鋇小瓶前後移動，發現綠光的亮度依然不變，而這種光居然能穿透書本和撲克牌，真是極為罕見！

一連數週，倫琴都處於極度興奮的狀態，他知道自己的發現可能是史無前例的，而他在如今年過半百的時候，可能就要迎接人生的巔峰了。

倫琴的夫人貝爾塔察覺出了丈夫的異樣，就去實驗室找他。

貝爾塔發現倫琴正身處一片黑暗之中，好在她十分理解丈夫工作的性質，沒有尖叫也沒有開燈，就悄悄地摸到了丈夫的身邊。

在漆黑的房間中，只有一塊螢光幕亮著，而奇怪的是居然沒有光源。

「你是怎麼做到的呢？沒有光也能讓螢幕亮？」貝爾塔控制不住好奇心，冷不防地問道。

倫琴被嚇了一跳，當他發現是自己的妻子時，並沒有生氣，反而讓

妻子幫助自己一起做實驗。

貝爾塔很少能進實驗室，她非常開心，就按照吩咐舉著螢幕慢慢向後走動，由於怕手擋住螢幕，她還盡量讓自己的雙手藏在螢幕後方，以便讓丈夫看得更仔細些。

正當倫琴在觀察光源的亮度時，貝爾塔忽然害怕地大叫一聲，還將螢幕摔在了地上。

倫琴連忙開了燈，衝過去緊張地問：「貝爾塔，妳怎麼了！」

貝爾塔失魂落魄地坐在地上，過了好一會兒才回過神來，只見她張開雙手仔仔細細地看著，哆嗦著嘴唇說：「你的實驗室有魔鬼！它剛才把我的手給吃了！」

倫琴哭笑不得，他經過仔細詢問，才知道妻子剛才看到自己的雙手只剩下了幾根骨頭。

一剎那間，倫琴心中一動，他大笑起來：「親愛的，不是妖魔吃了妳的手，而是我發現了一種新的射線，它能穿透人的血肉，我敢肯定，它將改變人類的歷史！」

由於不知該給這種射線取什麼名字，倫琴乾脆稱其為「X射線」，當他將自己的成果發表後，受到了人們的熱烈歡迎。

在一九○一年首屆諾貝爾獎頒發時，倫琴獲得諾貝爾物理學獎。

X射線是十九世紀末物理學的三大發現之一，它成為醫學上的一個轉捩點，因其無需解剖就能查出人體的疾病而被世人讚不絕口，甚至當時還有詩人寫詩來歌頌X光的貢獻，可見其受歡迎程度。

X射線是一種波長介於紫外線和 γ 射線的一種電磁波，它具有很強的穿透力，能透過紙和木材等，但無法穿透金屬。

需要注意的是，X射線對人體是有害的，所以不能長時間照射。它能破壞生物體的細胞，並使有機體發生病變，後來，人們也學會利用它的這種性質來對抗腫瘤，做到了變弊為利，讓X射線發揮了更大的作用。

【十萬個為什麼】

十九世紀物理學的三大發現是什麼？

這三大發現是：倫琴的X射線、貝克勒的放射性和湯姆遜的電子。

之所以說這些發現具有重大意義，是因為它們衝擊了道爾頓關於原子不可分割的理論，將人們引入了微觀世界，從而將物理學的範疇精確到了原子核與核外電子的世界。

透過研究電子與放射性，物理學開始走向原子能的學科領域，為二十世紀的物理學發展奠定了基礎。

50

X射線的突發奇想

康普頓效應

物理學如同一顆洋蔥，總是層層深入的。

當倫琴發現了X射線後，該射線立即成為很多科學家的研究對象。

一九○四年，英國物理學家伊夫發現 γ 射線經過散射後波長要比原先的更長一些。

伊夫覺得很奇怪，但他無法解釋這其中的原理，只能將這個問題拋給了其他的科學家。

六年後，英國的弗羅蘭斯論證了伊夫的發現，同時還提出一個觀點：若 γ 射線散射的角度越大，它被吸收的量也越大。

後來，還有一些科學家也證明了上述兩人的觀點，可是當時人們並不知 γ 射線是個什麼玩意兒，所以只好簡單地描述實驗結果，卻無法總結出一個令人耳目一新的新穎觀點。

就在倫琴發現X射線的三十年後，康普頓也被 γ 射線吸引，測算出了其波長，也依葫蘆畫瓢地再次確認 γ 射線散射後波長變化的情況。

這時，他忽然靈機一動：我們對 γ 射線不清楚，為何不研究X射線呢？這兩種射線不是相似的嗎？

康普頓想得沒錯，但只有他能想到這一點，所以成果落到他的頭上也一點不為奇。

於是，他用石墨、蠟等物質去散射X射線，發現X射線能散射出兩種光，一種是波長與原來長度一樣的X光，另一種則與 γ 射線一樣，散射後波長變得比原來的要長一些。

奇怪，怎麼又變成了二種光呢？

康普頓為這個全新的現象驚奇不已。

他試圖用經典電磁理論來解釋這一現象，但是遇到了障礙，一時之間，他一籌莫展，而這一耽擱，就是整整五年。

有一天，他讀到了愛因斯坦的光子理論，不由得跟著思索起來：光由光子組成，光子與電子撞擊會產生光電效應，這一次猛烈的撞擊，應該不是大範圍的碰撞吧？

他一連想了好幾天，還是不能給出一個肯定的答案，結果他吃飯也想，走路也想，就在去實驗室的路上，他被石頭絆了一跤，膝蓋重重地砸在了地面上。

康普頓被摔得齜牙咧嘴，然而在這電光火石之間，他似乎聽到了心中的肯定回答：「沒錯！光子肯定只與某種特定的電子碰撞，在撞擊的一瞬間，電子反沖的能量巨大，所以散射出的射線頻率就會變短，相應的波長就會增長！」

康普頓對自己的這個解釋非常滿意，他興奮極了，也不顧膝蓋的疼痛，趕緊飛奔到實驗室進行理論驗證。

一九二三年，康普頓發表了自己的論點，即康普頓效應，他的電子

反沖理論得到了愛因斯坦的大力支持。

愛因斯坦覺得自己遇到了同道中人，便義無反顧地當起了康普頓的市場助理，大力宣揚後者的結論和實驗，並多次在知名的大會和刊物上讚揚康普頓在物理學界有著多麼巨大的貢獻，終於讓康普頓揚名立萬。而康普頓效應也因此深入人心，成為論證光的波粒二象性的有利證據之一。

在一九四〇年舉行的一次會議，左二為康普頓。

康普頓出生於美國，是另一位讓美國人頗感自豪的物理學家。

他出生於一個高知識份子家庭，父親是教授兼院長，哥哥是麻省理工學院的院長，做為弟弟的康普頓自然不能落後，於是一路讀到博士，成為了一名物理工程師。

後來，他果然沒令家人失望，因為康普頓效應，他在年僅三十五歲時就獲得了諾貝爾獎。接著，他又轉去研究宇宙射線，促進了如今天文物理學的發展。

此外，他還與通用電氣公司合作，加快了螢光燈的發展；在第二次世界大戰期間，他致力於原子能的研究，是美國發明原子彈的貢獻者之一。

十萬個為什麼

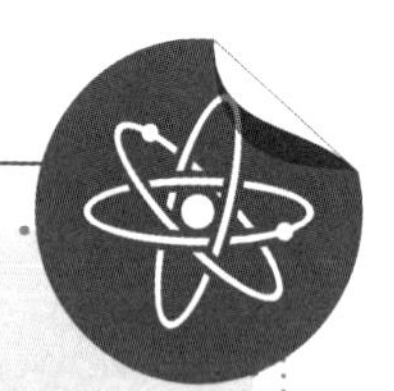

什麼是 γ 射線？

γ 射線又稱 γ 粒子流，它是原子核釋放出來的一種射線，也是一種電磁波，具有很強的穿透力，對人體的細胞具有殺傷力，所以也可被用來消滅腫瘤。

科學家們發現，恆星的核心在產生核聚變時會放出 γ 射線，不過這種太空 γ 射線無法穿透大氣層，目前實驗室中的 γ 射線是由光與電子碰撞後產生的，科學家造出的最亮的 γ 射線甚至能比太陽亮一萬億倍。

51

三頁紙誕生的學術神話

光子假說奠基人普朗克

十九世紀末，法國的德布羅意用一頁紙的論文取得了博士學位，還榮獲了諾貝爾獎的桂冠，堪稱物理學界一大奇聞。

其實在德布羅意之前，早已有一位德國人做出了榜樣，用三頁紙的論文發表了一個重大理論，他也獲得了諾貝爾獎，堪稱德布羅意的師父。

此人就是量子論的奠基人普朗克。

不過普朗克畢竟與德布羅意不同，他那三頁紙儘管字少，卻字字珠璣，將量子理論闡述得頭頭是道，相較之下，德布羅意的一頁紙只說了一句結論，然後就等著眾多前輩幫他去解釋自己的理論，兩者完全是不同等級。

在普朗克的一生中，有很多次難以抉擇的時候。

小時候他愛好音樂，彈鋼琴彈得很好，還為歌唱協會作過曲，是一個有才華的藝術青年。

可是當他即將進入大學時，他卻成為了一名理科生，正準備要為物理奉獻自己的全部精力，沒想到他的老師劈頭蓋臉就對他說了一句著名的話：「物理你就別學了，這門學科已經被研究透徹了！」

夢想剛剛燃起就被潑了冷水，這對普朗克來說無異於晴天霹靂。

好在他沒有放棄，依然按照自己的想法去學習和工作，否則日後世界上將損失一位貢獻卓著的科學家了。

普朗克一面收拾著破碎的心，一面輾轉於各大院校向多位名教授學習，當他聽說電磁學界在研究黑體輻射現象時，不由得看到了希望，萌生出「我一定要攻克這一難關」的想法。

什麼是黑體輻射？

原來，這種現象說的是任何物體都有不斷輻射、吸收和發射電磁波的能力，為了總結這種輻射現象，物理學家就用黑體，也就是能完全吸收電磁輻射的物體來做為實驗對象，以便觀察黑體的電磁輻射情況。

這是科學家的通病，當他們發現了一種現象後，總會忍不住去琢磨現象背後的規律。

當時有兩位科學家總結出了輻射的公式，可是他們隨即又沮喪地發現，公式在一定條件下就發生了錯誤，只得宣告失敗。

這一下，普朗克卻高興了！為什麼呢？

這是因為，普朗克總算可以對他的大學教授說：「你不是說物理學已經沒有難題了嗎？現在怎麼還有大家無法解決的問題呢？」

於是，普朗克也沒有理會這個難題有多難，就埋頭鑽研起來。

他花了四年時間，終於得出一個公式，也就是鼎鼎大名的普朗克公式。

可是，新的問題來了。

他的手頭只有一個公式，而圍繞著這個公式講原理，再加上描述現

象，怎麼也拼湊不出萬言字啊！這還像一篇論文嗎？

普朗克猶豫了一下，他覺得自己確實沒辦法湊字數，只得硬著頭皮發表了三頁紙的論文。

兩個月後，他又在德國物理學會上做了關於這個公式的報告，儘管他能說的不多，但還是令在場的科學家十分震驚。

正所謂山不在高，有仙則名，靠著這三頁紙的結論，十八年後諾貝爾獎也青睞於普朗克，將物理學界的最高榮譽給了他。

普朗克則用親身經歷告訴世人，有一個傲人的結果，比什麼過程都重要啊！

普朗克提出的理論是前人未曾想過的，他發現物體輻射或吸收的能量不是連續的，而是一份一份如切蛋糕似的。

於是他弄了一個普朗克常數，並根據常數推導出了普朗克公式。

柏林洪堡大學的牌匾：普朗克常數 h 的發現者馬克斯·普朗克在此任教，一八八九～一九二八年。

當時他並不知道自己的結論將促成一個嶄新時代的開始，五年後，愛因斯坦根據他的理論，提出光也是一份一份的，其中每一份都叫一個光量子，於是光量子假說隆重登場，量子論成為物理學科的一個全新的分支，並在未來發揮出越來越重要的作用。

【十萬個為什麼】

為什麼所有物體都會發出電磁波？

因為在大千世界，不存在完全沒有溫度的物體，有溫度就有電子存在，有電子存在就會產生電磁波。

要發現一個物體，有兩種方法：一種是光打在物體身上，然後又反射進人的眼睛裡，另一種則是物體本身發射出電磁波，然後被熱感探測儀而感知。

52

發現真兇的紅油傘

光的過濾

在科技不發達的古代，也有「法醫」的存在。不過當時的「法醫」叫做「仵作」，由卑微的平民擔任，並不是一個受人尊敬的職位。

在北宋時期，廬州慎縣發生了一起兇殺案，一個地痞惡霸被控告打死了一個賣菜的小販，小販家人哭哭啼啼地前來報官，求縣太爺給一個公道。縣令在做了調查後發現那名小販確實已經失蹤，知道此事重大，連忙命衙役去搜尋小販的行蹤。

衙役們經過多方找尋，終於在一個臭水溝裡發現了小販的屍體，便趕緊抬著屍體回到縣衙，向縣令稟報。縣令將惡霸捉進衙門，厲聲質問，可是那惡霸一臉無賴模樣，死也不承認打了小販，讓死者的家人憤怒異常。縣令便讓仵作去驗屍，據證人所說，就在昨日，小販和惡霸在街尾發生爭執，到了夜間後者提著一根粗大的木棒前來挑釁，小販不敵，被打趴在地，後來就不見了蹤跡。

本以為有了認證，指認兇手是板上釘釘的事，誰知仵作回來稟報時一臉為難，說屍身上根本沒有一絲傷痕，實在看不出是毆打致死。

這一下惡霸得意極了，神氣活現地說：「我說得沒錯吧？我確實沒有殺人！」「住口！」縣令怒不可遏，駁斥道，「那一晚你並不在家中，也沒有去你常去的賭坊，現在證據還未查明，你脫不了關係！」

由於查不出小販的死因，案件的審理一時進行不下去，縣令只好暫時將惡霸收押，然後再另想他法。

中午吃飯的時候，縣令找來仵作，細細盤問：「為什麼被打之後會沒有傷痕，你是不是看錯了？」仵作搖搖頭，老老實實地說：「有可能是屍體泡在了水裡，導致血液沒有迅速凝結成塊，所以看不出來啊！」

縣令懊惱地嘆了口氣，命令道：「不管用什麼方法，你一定要給我查出這個人的死因！」

仵作接到這個命令回了家，心情沉重，連飯也吃不下去。

其實他當仵作的時間不長，因為父親是仵作，所以他也就幹了這一行，不過他經驗尚淺，所以在面對突發狀況時就有點不知所措。

父親很快察覺出兒子的異樣，就問兒子究竟發生了什麼事。

兒子將白天的案件告訴了父親，父親聽後笑道：「沒關係，明天你把家裡的一柄紅油傘帶到縣衙，就能查出真相了。」

按照父親的吩咐，仵作第二天就帶著紅油傘去驗屍。

當他撐開油傘，擋到屍身面前時，驚訝地發現在紅光的照射下，屍體上布滿了大大小小的傷痕，很明顯，小販是被鈍器打死的。

於是案件順利破獲，兇手受到了應有的懲罰，縣令也獎賞了仵作，還將仵作的事蹟告訴了老百姓。從此，慎縣的百姓都十分欽佩仵作，再未將他們當成低等的人來看。

為何紅光就能檢查出傷痕？這就關係到光學上的過濾原理。

平時人們之所以能看見某一不透明物體，是因為該物體反射了某種色光，所以才會顯現出那種色光的顏色。

至於透明的物體，除了能反射某種色光，還能被該色光穿透，也就是過濾了除該色光外的其餘色光，比如紅油傘，就只能被陽光中的紅色光穿透。

由於淤青一般是青紫色的，在白色的光芒下不容易顯現，所以看起來就跟沒有傷痕一樣，但若被紅色照射，兩種顏色疊加在一起就會變成黑色，所以，淤斑就顯而易見了。

十萬個為什麼

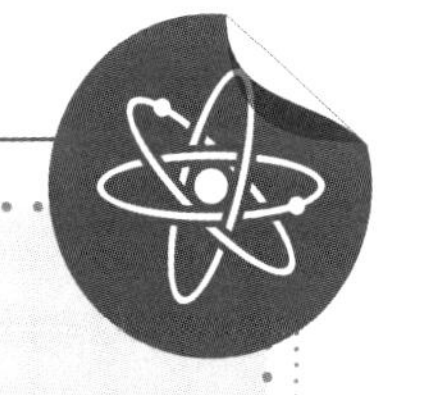

白光為何是一種複合光？

在日常情況下，我們所見的光一般都是複合光，也就是白光。

為什麼有顏色的光反而是純色光呢？

這是因為白光的頻率覆蓋了可見光的區域，所以多種不同的顏色組合在一起，最終顏色會變成白色。

與之相對應的單色光，是指白光經三稜鏡分離出來的光，有紅、橙、黃、綠、藍、靛、紫七種顏色，且這些顏色再也無法分離出其他的顏色。

53

延遲了四十年的重大發現

光的干涉原理

早在一八〇七年，英國物理學家湯瑪斯．楊透過經典的雙縫實驗發現了光的干涉現象，然後他就倒了大楣，被物理學界嘲笑了二十多年。

這是因為人們總是容易相信約定俗成的道理，湯瑪斯．楊的理論實在新穎，而且還高深，打動不了大家的心，受到冷遇也不足為奇。

面對著一個自己不懂的事物，相信很多人都會說：「這個東西有毛病！」

是啊，難道還會說自己有毛病嗎？

八十五年後，一位名叫泰勒的科學家也遭遇了同樣無奈的事情。

泰勒喜歡照相，但是由於工作繁忙，所以他並不經常拍攝。

有一天，他正好空閒，便拿起閒置的相機，想拍幾張令自己滿意的照片。

孰料，等他費盡心思找好模特兒擺好造型，費了幾個鐘頭拍完照片後才發現，鏡頭上蒙著一層油膜，一點都不乾淨。

「得重拍了！」泰勒沮喪地說，為自己剛才的辛勞惋惜不已。

儘管為自己覺得可惜，泰勒還是將鏡頭擦得一塵不染，然後又拍了

很多照片。

當時的相機在拍完照後需要在暗室裡沖洗底片，這需要幾天的時間。

泰勒本以為在乾淨的鏡頭下拍出來的照片會比較清晰，結果卻出人意料：髒鏡頭下的景物反倒更加清楚。

太奇怪了！怎麼會這樣呢？

泰勒覺得非常不可思議，他想破了頭都想不明白，只好去請教身邊的朋友和同事。

誰知大家聽完他的話後，異口同聲地哈哈大笑：「怎麼可能！你是得臆想症了吧？」

泰勒是個沒主見的人，儘管他親眼所見髒鏡頭的功能，可是當大家都質疑這一情況後，他居然心裡以為是自己看錯了，就不再研究是什麼原因了。

當時泰勒由於問這種「白癡」問題，還被大家取笑了一番，沒想到四十年後，另一位名叫鮑爾的科學家卻留心起泰勒的發現來。

鮑爾好奇心很重，他覺得泰勒是一個有心智的成年人，不會胡亂說話的，就想重複四十年前的情景，也拍出更清晰的照片。

沒想到無論他怎麼試驗，都不能成功。

如果鮑爾放棄了，或者與其他人一樣，輕蔑地拋出一句「就知道泰勒是個大話王」，也許就沒有光學界的一大發現了。

幸好鮑爾也是個堅持不懈的人，他試了很多種方法，最後用溴化鉀塗在石英上，形成了薄膜後，才得到了驚喜。

鮑爾發現，這種薄膜能反射和穿透光線中的某些色光，在穿透色光的過程中，它還加強了色光的透射效果，於是，照片上的景物看起來就比原來的更清楚了。

四十年後，鮑爾終於用干涉原理替泰勒做了辯解，不過兩個人遭遇到的待遇完全不一樣，泰勒因意志不堅，受到了人們的譏諷，而鮑爾則用自己的實踐贏得了人們的尊敬，真可謂是性格決定命運啊！

光的干涉原理是什麼？

這是光的一種性質，當兩種以上的光相遇時，有一些區域的光波疊加效果會加強，而另一些區域則會減弱。如此，便形成了明暗相間的波紋。

照相機的鏡頭在反射光的時候，會造成色光的損失，於是通過鏡頭的光就變少了，所以拍出來的畫面會模糊一些。

這時，利用光的干涉原理，在鏡頭上塗一層青紫色的增透膜，加強綠光的通透性，就能使通過鏡頭的光色彩變得鮮豔起來，所以拍照的效果會更好。

【十萬個為什麼】

什麼是衍射現象？

當年湯瑪斯．楊由干涉原理發展出了衍射原理，那麼，什麼是衍射現象呢？

在物理學中，衍射指波穿過狹小的縫隙或孔洞時，發生了不同程度的彎曲，並且向著四周傳播的現象。

在形狀上，衍射類似一層一層的球面波，與現代的無線電信號差不多。另外，如果使用單色平行光進行的衍射，則干涉現象也會同時發生，所以湯瑪斯．楊才能同時發現兩種光的現象。

54

羅馬皇帝的殘暴任務

第一副近視眼鏡的由來

現今電子產品越來越先進，更新換代頻率也越來越快，人們用眼的時候也越來越多，可想而知，近視的機會也就越來越大。

當人們戴上不同樣式的近視眼鏡時，有沒有想過一個問題：世界上的第一副近視鏡是怎麼產生的呢？

古代的近視鏡特別醜陋，可算是毀容武器，而古代的君王，在如今的小女生心中必定是個富有又帥氣，如果兩者結合起來，女生們必定要為國王叫屈了：「好端端的一個帥哥，就這麼毀了！」

此言差矣，這人類歷史上的第一副近視眼鏡正是為一位羅馬國君準備的，可惜他既不帥，脾氣也不好，是個標準的暴君。

這個暴君生於兩千多年前，名叫尼祿，喜歡觀看角鬥士的瘋狂廝殺。

尼祿生性殘暴，每逢他光顧角鬥場，角鬥士們都會緊張得連腳趾頭都繃起來，因為尼祿嗜血，所以奴隸們在角鬥時必然得有一方陣亡，否則尼祿會很生氣，後果很嚴重。

也許是上天的報應，尼祿看角鬥看多了，忽然發現自己的眼睛看不

清楚了。

以前他坐在後排都能將場上的角鬥士的表情看得一清二楚，如今即便坐在最前面，也依然覺得很模糊。

尼祿的頭像。

尼祿很窩火，他找來一名玻璃工匠，要求對方幫自己製造一塊可以看清楚遠方的玻璃片，還狂躁地說：「限你一個月內完成任務，否則就砍你的頭！」

工匠嚇得唯唯諾諾地點頭，回到家中後，他才回過神來，頓覺皇帝有毛病：人透過玻璃同樣看不清遠方的景物啊！這不是要我去送死嗎？

可是既然領了命令，也不能不從啊！

工匠寢食難安，成天研究著一堆玻璃片。

有一天，他手中的一塊玻璃片不慎滑落在地，左邊的邊緣被摔薄了。當工匠撿起這片玻璃時，他覺得透過玻璃看眼前的物體，似乎模糊了一些。

莫非，這說明將玻璃磨成不同的形狀，真的可以影響人的視力？

工匠覺得可以一試，於是他找來兩塊綠寶石，一塊磨成了凹透鏡，一塊磨成了凸透鏡，當他舉著凹透鏡看遠方時，赫然發現遠處的景物似乎近在眼前！

「太棒了！成功了！」工匠一蹦三尺高，趕緊跑進皇宮向國王獻上鏡片。

這副單片鏡用一根金屬棒托舉著，這樣尼祿每次觀看角鬥時就可以手舉鏡片眺望遠方了。尼祿自然笑顏逐開，重賞了工匠。

這便是近視鏡的由來。

人為什麼會近視呢？

這是因為人的眼球中有個晶狀體，光線進入晶狀體後能聚焦到視網膜上，形成圖像，但晶狀體是會疲勞的，一旦往外凸出就可能收不回來。近視眼就是因為晶狀體變長凸出，使光線的焦點落在視網膜前，所以成像才會模糊。

那為何近視眼鏡是凹透鏡就可以幫人重新恢復視力呢？

因為它能發散光線，使光線重新聚焦到落後的視網膜上，不過當人戴上近視眼鏡後，所看到的圖像會比原物要小一些，這是因為成的像是虛像的緣故。

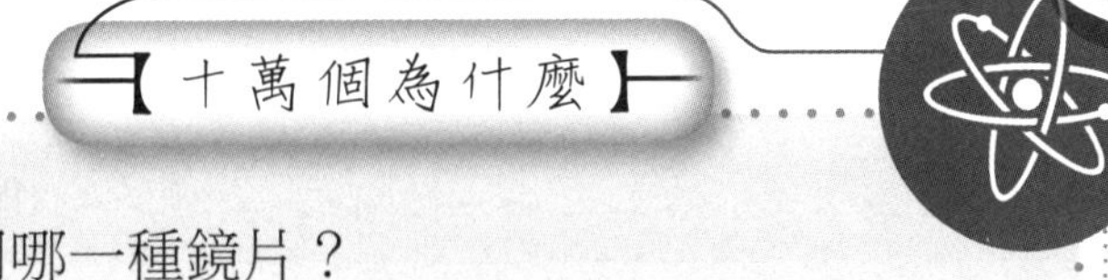

老花眼用哪一種鏡片？

既然近視眼是凹透鏡，那老花眼會不會是凸透鏡呢？答案完全正確。

隨著年齡的增加，人眼的晶狀體逐漸硬化、增厚，導致聚焦能力變差，容易看不清近距離的物體，而凸透鏡可以幫助調焦，所以常被用來製作老花鏡。

值得一提的是，很多近視的人在年老時也會得老花眼，但是當他們看近處的物體時，眼睛的度數為近視度數減去老花度數，看遠處時則仍需戴原有度數的近視眼睛。

55

孩子們的意外發現

望遠鏡發展史

人類對遠方總是充滿好奇，因此喜歡用望遠鏡去窺探遠方的美景。

無論是激烈的球場上，還是神祕的太空，望遠鏡總是發揮著巨大的作用，而在戰爭中，望遠鏡更是必不可少的工具之一，少了它，作戰雙方都會處於危險之中。

那麼，第一架望遠鏡是誰發明的呢？

可能大家知道後會大吃一驚，這個大名鼎鼎的東西居然是幾個孩子的傑作！

在四百年前，荷蘭有座名叫米德爾堡的小城市，有位名叫利珀希的商人，他經營著城裡唯一的一家眼鏡店，因此生意非常好。

後來，利珀希又想到了「以舊換新」的業務，前來光顧的客人就更多了，樂得利珀希整天都合不攏嘴。

利珀希將大家換下來的舊鏡片丟到角落的一個紙箱裡，後來這個紙箱被他的三個兒子發現了，於是那些廢舊鏡片就成為了孩子們的玩具。

有一天，三個孩子又捧了一大堆鏡片去陽臺上玩。

這時，最小的弟弟一下子拿了兩塊鏡片，他將鏡片疊在一起遠眺，

頓時「啊」地猛叫起來。

其他兩個孩子以為弟弟有麻煩了，慌忙跑過來看，誰知小弟舉著兩塊鏡片，得意地說：「我能將遠處看得又大又清楚！」

兩個哥哥聽後非常好奇，就爭相拿著弟弟手上的兩塊鏡片觀看，果然發現了鏡片的這一「特異功能」。

這一下，孩子們都欣喜若狂地大叫起來，由於喧嘩聲太大，吵得利珀希無法做生意，做父親的就冷著臉要兒子們安靜。

發現喜訊的兒子們自然安靜不下來，他們爭先恐後地將自己的發現告訴父親。

利珀希聽後大吃一驚，他試著將一塊凹透鏡和一塊凸透鏡平行放置，然後放在眼前，結果真的將遠處的教堂盡收眼底。

利珀希覺得這是一個很好的商機，就用一根鐵管將兩種不同的鏡片固定住，然後放到店鋪中叫賣，別人問他這種東西叫什麼，他也說不出來，只說：「你看一看就知道了。」

由於利珀希的發明實在新奇好玩，很多市民都跑到他店裡來購買這種鑲鏡片的鐵管，利珀希見買的人多，又在心中打起了小算盤：既然這種東西這麼受歡迎，我何不申請專利呢？於是，他就向荷蘭國會提交了專利申請。

國會很快給出回覆，讓利珀希對他的發明進行改進：要讓兩隻眼睛能夠同時觀看，同時還要取名。

利珀希見距離成功只差一步之遙，當即點頭答應，他的改進技術很簡單，就是讓兩個鑲鏡片的鐵管連在一起，然後給該物體取了個「窺視鏡」的名字。

一六〇八年十二月五日，荷蘭國會正式批准「窺視鏡」的發明專利，並給利珀希頒發獎金。

從此，望遠鏡就走進了人們的生活，成為眾人熟知的物品。

此圖描繪的人物使用的是早期的「荷蘭望遠鏡」。

望遠鏡能讓遠處的事物盡在眼前的原理是什麼呢？

原來，它靠近底部的鏡片是一個凹透鏡，光線進入凹鏡後會聚焦成像，然後圖像被放大鏡放大，進入人眼，這樣遠處的物體就能被人看到了。

此外，它能收集到比人的瞳孔大得多的光束，所以人在用望遠鏡看景物時，就能看到放大的物體了。

繼利珀希發明望遠鏡之後的第二年，伽利略根據望遠鏡的原理造出了世界上的第一台天文望遠鏡，這台望遠鏡的放大倍數是四十倍，使天

文事業邁進了一大步，而歸根究底，還是利珀希的功勞。

【十萬個為什麼】

凸透鏡和凹透鏡是什麼樣的形狀？

凹透鏡邊緣厚，中間薄，看起來像凹下去一樣，所以叫凹透鏡。

凸透鏡正相反，其邊緣薄，中間凸起如球狀，所以叫凸透鏡。

老花鏡、放大鏡都是凸透鏡，近視鏡則是凹透鏡，而望遠鏡則是凸透鏡與凹透鏡的結合。

56

不務正業的門衛

世界第一台顯微鏡的發明

在望遠鏡發明的七十年後，同樣在荷蘭，一位在市政廳工作了幾十年的門衛突然身價大漲，成為了英國皇家學會的會員。

要知道，英國皇家學會可不是人人都能進的，只有最頂尖的人才才能進入其中，如物理學家牛頓、進化論發現者達爾文、英國首相邱吉爾等，連較有名氣的科學家想成為它的會員，往往都要鎩羽而歸呢！

再看這位名叫列文虎克的門衛，他年近半百，每天的本職工作就是看看大門，看的還是政府的門，連一絲科學的氣息都沾不上，怎麼能與那些人才相提並論呢？

然而，他確實成了皇家學會的正式會員，而且還收到了英國女王的親筆賀信，令整個世界都為之震驚。其實，臺上一分鐘，臺下十年功，列文虎克之所以能得到如此大的榮譽，和他的勤奮是分不開的。

和很多有成就的物理大師一樣，列文虎克從小也對科學產生了濃厚的興趣，可惜他運氣不好，出生在一個貧困的家庭裡，父親很早就離開了人世，母親一手將兒子帶大，能吃飽飯就已不錯，哪還有錢供養孩子讀書呢？

於是，列文虎克早早地輟了學，跑到阿姆斯特丹打工賺錢。

在異鄉，列文虎克遇到了一位好心的老爺爺，對方藏有很多書，於是列文虎克就經常向老爺爺借書讀，一讀就讀到深更半夜，但他卻不知疲倦。

一天晚上，他又在屋裡讀書，忽然聽見隔壁傳來「沙沙」的聲音。

原來是眼鏡店的老闆在磨製鏡片。

列文虎克在白天已經看到過各式各樣的眼鏡，此刻他的心裡忽然產生了一個念頭：既然有能放大普通物體的放大鏡，為什麼就沒有一個能放大微小物體的「放大鏡」呢？

列文虎克為自己的想法拍手叫好，他又覺得叫「放大鏡」不太合適，他又想：這種鏡片能將肉眼看不見的東西顯示出來，不如就叫顯微鏡吧！

主意敲定後，列文虎克甜甜地睡去了，他卻不知，因為自己的一個想法，他在今後的三十年中付出了太多辛勤的汗水。

第二天，列文虎克就請一位老工匠做自己的師父，請教研磨鏡片的功夫。

老師傅說：「你看望遠鏡，兩片不同的鏡頭重合在一起，就能讓頭髮絲擴大好幾倍，說明打磨鏡片是一門學問啊！」

列文虎克欣喜地點頭，同時也暗自發誓：一定要打磨出更精細、更具有放大功能的鏡片。

於是，他在打工的同時，長期不懈地磨著鏡片。

他的手被磨破了皮，鮮血一絲絲地沁出，最後成了老繭；他的腿因長時間跪在地上，變得麻木，猛地站起來時會鑽心地痛。

這一切困難，都沒有嚇倒列文虎克，他就如同一個苦行僧一樣，幾十年重複著單調的工作，絲毫不覺得辛苦和乏味。

終於，他磨出了兩塊放大功能極強的透鏡，他將兩塊鏡片疊起來，發現羽毛上的每一根絨毛都粗大得如樹枝一樣，而當兩塊鏡片之間的距離發生變化時，放大的效果也不一樣。

列文虎克將鏡片保持在了最合適的距離上，然後請鐵匠為自己打造了一個鐵架和一個能固定鏡片的鐵筒，他把鐵筒置於鐵架之上，於是，一台顯微鏡就誕生了！

可惜雇傭列文虎克的老闆無法感到歡欣，他認為列文虎克是在消極怠工，於是二話不說就將列文虎克開除了。

倒楣的列文虎克只好回到故鄉，找了一個門衛的差事，一邊看門一邊進行對顯微鏡的改進工作。

日復一日，他製作的顯微鏡越來越精良了，竟然能發現血液裡的紅血球和諸多微生物。他喜不自勝，將自己的發明和研究報告發給了英國皇家學會，結果便有了上文所獲得的那些榮譽。

列文虎克死亡後，因無人追隨其研究，微生物學進入黑暗時期。

顯微鏡的發明是光學和生物學上的重大突破，如果沒有列文虎克的奉獻，人類對微觀世界的研究不知還要落後多少年呢！

顯微鏡是人類進入原子時代的象徵，它也是由一個凸鏡和一個凹鏡組合而成的，能將人類肉眼所看不到的物體放大，因而是一種非常有用的電子儀器。

其實，世界上第一台顯微鏡的發明者是一個名叫亞斯・詹森的眼鏡商，只是他對顯微鏡並不重視，且製造的顯微鏡精密度並不高，所以人們就把他給忽略了。

相反，列文虎克的顯微鏡能放大物體達三百倍，這在當時算得上是一件名列前茅的技術，因此列文虎克受到了大家的尊敬。

【十萬個為什麼】

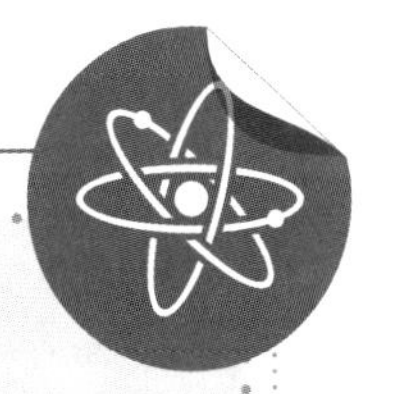

顯微鏡有哪幾種類型？

現今顯微鏡分光學鏡和電子鏡兩種，列文虎克發明的就是光學鏡。

當代的光學顯微鏡能把物體放大一千六百倍，而電子鏡更不得了，能觀察到百萬分之一毫米大小的物體，堪稱生物界的一場革命，而發明電子顯微鏡的恩斯特・魯斯卡也因此獲得了一九八六年的諾貝爾物理學獎。

57

牛頓的失誤

不同物質折射率的差異

牛頓是誰？

學過物理的人都知道，他是物理學開天闢地的第一人。

他駁斥了亞里斯多德的古典物理學說，是「近代物理學之父」。

他的萬有引力定律開拓了天文學的道路，是「現代天文學之父」。

二〇〇五年，英國皇家學會舉行了一場「最具影響力科學家」的民意調查，結果牛頓擊敗了愛因斯坦，榮獲冠軍。

以上評價，可想而知，牛頓在人們的心中已近「神」，是一位重量級的偉人，是科學界的巨人。可惜，偉人也是人，也有犯錯的時候。

牛頓發現光的折射。

一六六六年，年僅二十三歲的牛頓開始進行光的折射率研究。

他研製出一塊玻璃稜鏡，然後讓陽光照射棱鏡，發現散射出來的光具有紅、橙、黃、綠、藍、靛、紫這七種顏色。

「哈哈，我發現了彩虹！」牛頓高興的說。

透過這個實驗，牛頓發覺到白光是由七種顏色組成的光，而並非亞里斯多德所言是光明與黑暗的融合。

原來是因為光會折射，所以用望遠鏡看東西才會產生色差呀！牛頓心想。

既然如此，牛頓便決定改造望遠鏡，而第一步，就是查清不同的物質是否具有不同的折射率。

牛頓的想法很好，因為不同的物質，其組成材料也是不一樣的，所以當光照射過來，光所產生的折射率應該也會發生變化。

但世事無絕對，牛頓也有栽跟頭的時候，他選用的兩種物質是玻璃和水。

更巧的是，玻璃和水的折射率是完全一樣的！

結果，牛頓驚訝地發現自己原來的想法錯了，原來不存在折射率迥異這回事。

他極度自負，認為自己的實驗結果就是真相，所以也沒再次進行論證，就武斷地大手一揮，下結論道：「所有透明物質的折射率都是一樣的！」

他將自己的結論告訴了一個叫盧卡斯的朋友，盧卡斯對光學也很感興趣，就按牛頓說的回家做了相同的實驗。

不過，盧卡斯所用的實驗玻璃和牛頓的不一樣，結果他驚訝地發現玻璃與水的折射率並不相同。

盧卡斯覺得奇怪，就告訴牛頓：「你的結論出錯了！」

誰知牛頓頭也不點一下，就斬釘截鐵地說：「我不會出錯的！是你錯了！」

就這樣，牛頓秉承著自己的發現，認定望遠鏡消除不了色差。

二十一年後，牛頓發現了萬有引力定律，從此被人們當作神一樣頂禮膜拜，他的折射率理論更是成為「神論」，如奧林匹斯山一樣堅如磐石，不可撼動。

直到近一個世紀後，人們才發現牛頓說錯話了，原來不同的透明物質，折射率確實存在著不同。

結果一直等到一七五八年，望遠鏡的色差問題才得到解決，牛頓如果泉下有知，一定會羞愧難當吧！

折射率，指的是光在真空中的傳播速度與光在某種材料中的速度比率。就玻璃鏡片而言，折射率越高，鏡片越薄。

如果是不同的材料，折射率會發生變化。比如水的折射率就遠遠大於空氣。

如果材料相同，而光不同，折射率也會不一樣。在可見光範圍內，折射率會隨著波長的增大而減小，比如波長最長的紅光，折射率是最小的；而波長最短的紫光，折射率則最大。

【十萬個為什麼】

鐳射會產生折射嗎？

鐳射是一種能量特別大的光，「直來直往」似乎是它的性質，而反射與折射對其來說似乎是個不可能完成的任務。

其實，鐳射也是一種光，所以也會有反射和輕微的反射現象。只是鐳射的功率過大，在反射過程中極可能燒壞反射材料，所以如果想達到讓鐳射發射和折射的情況，最好採取兩種措施：一、鐳射功率不要太強；二、採用特殊材料來吸收鐳射的功率。

58

化險為夷的哨兵

聲音的傳播

常見電視劇中，一妖狐化為人形，結識了一幫朋友在江湖上行走。

忽見追兵將至，狐狸立刻趴在地上，用耳朵貼著地面，仔細聆聽，然後一臉緊張地說：「不好！有人追來了！」

不知編劇為何會這樣寫，莫非是想說動物擁有順風耳？那牠為何還要貼著地面聽聲呢？直接聽不就得了？

不過人不是動物，擁有不甚良好的聽力，所以藉助外物來發現異常情況，不失為一種妙計。

古時候，有一個叫大能的人想去當兵，但他身材矮小，瘦得像隻猴子，風一吹都像要摔倒的樣子，讓徵兵的長官大皺眉頭。

長官搖頭道：「我們不需要沒本事的人，你走吧！」

大能為了拿到徵兵用的軍餉，拼命保證：「我有本事，我能打仗！」

這時，周圍來應徵的人和其他士兵都笑了，打趣道：「你這樣子，真的什麼都做不了，你還是回家改叫無能吧！」

大能聽了這些話倒也沒生氣，他眼珠一轉，說：「我會做飯，讓我做伙夫吧！我上有八十老母，下有一歲小兒……」

其實大能還沒結婚呢！他這個模樣，誰願意嫁給他呢？長官見大能哭得實在悽慘，心軟了，就同意把大能留下來做後勤工作。

誰知大能根本就不會做飯，他不僅不做飯，還總是偷吃，氣得長官大發雷霆。

長官本想將大能軍法處置，但轉念一想，還不如讓這個小個子上戰場，發揮一下餘熱。

於是，大能一下子被調到了前鋒的位置，就等著一場戰爭下來一命歸西。不過大能倒是整天樂呵呵，他本就想體驗一下衝鋒陷陣的樂趣，壓根兒就沒感受到死亡的威脅。

一天，當部隊行進至一個大峽谷時，天色已黑，長官就命部隊停下休息，待第二天再行進。由於連日趕路，士兵們都很疲勞，吃完飯後，很快就進入了夢鄉，整個軍營裡鼾聲一片。

大能睡不著，他一想到過幾天就要參加自己經歷的第一場戰爭，就突然有些害怕，然後又想起自己的爸媽，不知不覺就動起了逃跑的念頭。

一想到逃跑，他的神經倏地繃緊了，聽覺也變得異常靈敏，這時，他似乎聽到身下的泥土中傳來了聲音，便不由自主地將耳朵貼到地面上聽個究竟。

他聽到了什麼？竟然是遠處紛亂的馬蹄聲！

「不好了！敵人來偷襲了！快醒醒！」靜寂的夜空中，忽然出現大能的一聲狂吼，頓時將士兵們嚇出一身冷汗。

長官趕緊派士兵前去偵查，同時迅速調整好隊形，做出禦敵之策。

偵察兵回來稟報，前方果然有大批敵人偷襲，於是長官再生一計，給敵人設下埋伏，反令敵人防不勝防，打贏了漂亮的一仗。

由於大能的突出貢獻，長官對他大為器重，從此任命他為哨兵，讓他繼續用敏銳的聽覺偵察敵情。

為什麼大能在探聽情報時需要把耳朵貼到地面上呢？

這是由聲音的傳播原理決定的。在不同的介質中，聲音的傳播速度會不一樣。一般來說，介質的密度越大、溫度越高，聲速越快。

當聲音在地下傳播時，由於能使聲音發生散射和衰減的障礙比空氣中少，所以傳播得更遠也更清晰，而且古代騎兵會裝備箭筒，當箭在牛皮包裹著的木筒中震盪時，會產生共鳴，這樣聲音就被放大了，所以大能就能在遠方聽得非常清楚了。

【十萬個為什麼】

為什麼聲音在高溫中傳播的快？

因為聲音的傳播需要介質，而介質中存在著粒子，當溫度越高時，粒子的運動就越快，導致聲音的傳播也越迅速。所以在真空中，聲音是無法傳播的，這是因為真空中沒有介質，且真空中也沒有溫度，導致聲波的傳輸以失敗告終。

鐵達尼號的慘痛教訓

關於聲波反射的研究

二十世紀初，英國人造出了一艘巨輪，它就是鼎鼎大名的鐵達尼號。

這艘豪華郵輪剛被造出來時，令無數人震驚，因而被稱為「世界工業史上的奇蹟」，可惜，它在進行處女航時撞到了冰山上，使一千五百一十三名乘客葬身海底，轉而變成「世界工業史上的噩夢」。

當鐵達尼號沉沒之後，人們沉浸在悲痛之中，久久未能平復心情，無數人都在思考一個問題：如果當初能早一點發現冰山，不就能挽回許多條性命了嗎？

於是，有科學家就琢磨起來：如果船體能發射聲音，當聲音觸及障礙物時，不就能發出回聲了嗎？這樣即便在大霧天氣航行，也不用害怕發生撞船事件了！

這個想法確實不錯，一九一四年，世界上的第一台回

鐵達尼號海報。

聲探測儀誕生，它能準確發現三千公尺以外的冰山，因而受到了人們的重視。

後來，科學家們想要打撈鐵達尼號，卻遇到了一個問題：誰都不知道沉船的位置在哪裡，而沉船所在的海底有多深，大家也是一籌莫展。

當時還沒有一種技術能探測海底的深度，只有潛水艇這一件可以潛入海底的工具。可是當時的潛水艇下潛深度不足以發現海底的鐵達尼號，如此一來，打撈工作也就暫時擱淺了。

有一位研究回聲的科學家忽然來了靈感：既然在橫向空間裡，聲音被阻攔後能發出回聲，那在縱向空間裡，海底的船也同樣可以有回聲啊，如此一來，不就能探測到沉船的深度了嗎？

他覺得自己的想法十分可行，就動手做了一個實驗——

他先造了一艘小船，並在船底裝了一個炸藥包和一個接受聲波的儀器。

接著，他將船駛到海上，然後引爆了炸藥包。

炸藥爆炸時發出了巨大的聲響，震得平靜的海面掀起了大浪，小船也隨之搖搖晃晃，似乎要被風浪掀翻了一樣。

科學家趕緊將船開回岸邊，然後將儀器解下，檢測結果。

他興奮地發現，自己的推測完全正確，炸藥爆炸的聲音傳播到海底，然後被反彈了回來，被儀器接收，如此一來，他就能準確測出海水有多深了！

根據科學家的結論，人們改進了回聲探測器，到如今，探測器發出的已非普通聲音，而是頻率極高的超音波，所以探測水準越來越高，最大深度已達到海底一萬一千公尺。

回聲的概念很好理解，就是聲音在傳播時碰到比較大的反射面，比如山谷、牆壁時，發生的反射聲波，因為原聲發音在先，所以回聲總是尾隨著原聲而來，宛若小跟班一樣。

有時候有些回聲並不很清晰，但有些時候卻幾乎與原音一模一樣，這是什麼原因呢？

原來，若想聽到清楚的回聲，必須讓回聲與原聲的時差相隔〇．一秒左右，且反射面與人耳的距離大於原聲的波長時才可以。一般而言，當人與反射物相隔十七公尺時，聽到的回聲是最清晰的。

十萬個為什麼

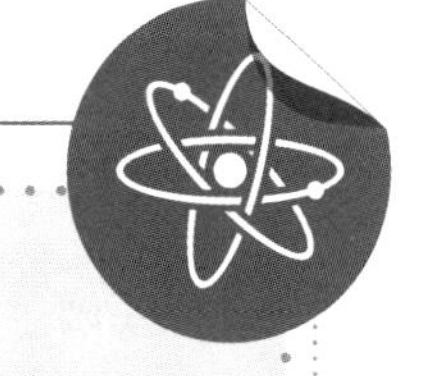

什麼是超音波？

人耳所能識別的聲音頻率在二十赫茲～兩萬赫茲，當聲波頻率小於二十赫茲或大於兩萬赫茲時，我們就無法聽見聲音了。高於兩萬赫茲的聲音就是超音波。

由於超音波的震動頻率非常高，所以能量很大。目前超音波除了可用作探測外，還能進行醫學上的治療，此外，它還能焊接、鑽孔、除菌除垢等，是工業上必不可少的工具之一。

60

自打嘴巴的打鐵匠

建築上的「竊聽器」

從前，在義大利的西西里島上，有一個名叫吉爾斯的鐵匠。

吉爾斯是個大嘴巴，特別喜歡八卦，他除了打鐵之外，最愛走街串巷去說家常，惹來不少人討厭。

後來，吉爾斯也學乖了一些，他知道大家不肯將祕密告訴他，是嫌他會傳播小道消息，於是他就安分了一段時間，看起來似乎改邪歸正了。

有一天，他去島上最大的教堂做禮拜，閒不住的他到處走走看看，不知不覺就來到靠近懺悔室的地方。

懺悔室是兩個相鄰的小房間，一個房間裡是前來懺悔的市民，另一個房間則是聆聽懺悔並給予懺悔者救贖的牧師，所以是個八卦最多、最勁爆的地方。

可惜自己聽不到他人在懺悔什麼啊！吉爾斯搖著腦袋，暗暗嘆息。

當他往前走了幾步時，忽然聽到耳邊傳來一陣哭泣聲：「我偷了母親的錢，我是個罪人……」

頓時，吉爾斯驚訝地張大嘴巴，兩眼放光，他側耳傾聽，發覺哭聲來自於懺悔室。

真奇怪，為何他在外面也能聽到裡面的聲音呢？

吉爾斯後退幾步，發現剛才的哭聲消失了，他又試探著前進幾步，懺悔者的聲音又出現了。

經過反覆「測量」，吉爾斯發現了自己所站的這個特殊的地點具有偷聽懺悔的功能，他大喜萬分，此後就頻繁往教堂裡跑，以偷聽他人的心事為人生最大的樂趣。

這一下，吉爾斯的生命裡又重新充滿陽光了。

時間一長，他的八卦本性再度暴露，覺得好東西不能獨享，應該讓大家共同歡樂才對。

於是，他請來了自己的一幫狐朋狗友，邀他們去教堂，還神祕兮兮地說：「讓你們見識一樣好東西！」

朋友們十分好奇，就跟著吉爾斯來到懺悔室外，這時，吉爾斯才公布謎底：「恭喜你們！你們現在所站的位置，就是能聽到人懺悔的地方！」

聽說能聽到別人的隱私，那群人都好奇萬分，站得筆直，一動也不敢動。

果然，一個羞愧的女人的聲音傳到眾人耳朵裡：「我犯下了錯誤，我不該愛上別人，我對不起我的丈夫……」

聽到這裡，吉爾斯的朋友們瞬間明白了，這是一個偷情的女人在懺悔，不由得捂著嘴偷偷地笑。

誰知，越往下聽，吉爾斯越覺得不對勁，因為這女人的聲音很像他老婆，而女人所講的事情，也和他平常經歷的很像。

最終，大家都明白了，原來懺悔室裡的女人，就是吉爾斯的老婆！

這時，吉爾斯的朋友們更加樂不可支，紛紛將戲謔的目光投向前者。

吉爾斯羞愧難當，一路小跑著回了家，並因此生了一場大病。從這之後，他再也不敢多管閒事了。

為什麼吉爾斯和他的朋友們能聽到遠處的聲音呢？

這是因為，教堂的內部是一個橢球體，當聲音在一個地點發射時，橢球體就會將聲音反射到另一個焦點上，而第二個焦點仍會繼續反射聲音，直到聲音被反射到地面為止。

其實，這種連續反射的現象就是混響。

在大的禮堂或會客廳裡，混響非常常見，聲音由於被多個反射面所反射，從而導致回聲混亂而持續。

只是故事中的教堂比較特殊，因為聲音雖然也是被多次反射，卻沒有同時被反射，而是像傳接力棒似的反射著，所以懺悔的話到了別的地方是聽不見的，只有在固定的反射地點才能被人聽見。

【十萬個為什麼】

混響有什麼作用？

儘管聲音進行多次反射，會造成聽覺上的混亂，但如果沒有混響，聲音會發乾，也就是未加處理過的「毛聲」，聽起來沒有空間感，不是很好聽。

所以，音響師會在放音時加入混響，讓聽眾覺得聲音更真實自然，同時讓聲音變得渾厚豐滿，更加能夠吸引人。

61

金屬的「哭泣」

聲音發射現象

二十世紀四〇年代，在一個異常寒冷的冬日，一艘美國油輪正停靠在海岸上，即將收錨啟程。

這艘船剛造不久，體型巨大，看起來似乎非常堅固，運行幾十年應該沒有問題。

「嗚……」嘹亮的汽笛聲奏響出發的信號，船上的水手們紛紛向岸上的人們揮手告別，躊躇滿志地迎接新的旅程。

就在這時候，油艙裡忽然發出了「嚓嚓」的響聲，類似於冰塊破裂的聲音，但大家都未在意，仍沉浸在離別時的不捨之情中。

就在船行進了數海哩之後，油艙突然斷成兩截，大量原油漏出，嚇得水手們不知所措。

船長趕緊下令把船開回岸邊調查原因。

大家怎麼也想不通，明明是新造的船，怎麼會說斷就斷呢？而且還是在毫無徵兆的情況下。

這時，才有船員回憶起出發前的「嚓嚓」聲，大家這才有所醒悟：難道說金屬在斷裂之前，會先發出聲音？

幾年後，德國的一位名叫凱塞爾的科學家在做實驗時發現，當他把一根錫條彎曲又拉直，重複幾遍後，錫條就發出了「劈啪」的聲音，彷彿在抗議似的。

凱塞爾回憶起美國的油輪斷裂事件，心中產生了同樣的疑問：金屬在變形前，會發射聲音嗎？

為了研究金屬的這種聲發射原因，凱塞爾和他的同事們進行了很多實驗，終於發現金屬的聲音是由於其內部的晶體結構位錯引起的。

在一般人的心中，晶體往往是透明的物體，的確，食鹽、水晶等都是晶體，但是金屬也是由分子、原子或者離子按一定結構形成的，所以也是一種晶體。

只不過，在金屬的晶體內部，總有一些桀驁不羈的分子或原子不肯規規矩矩地站在本該屬於它的位置上，於是它們就變成雜質了，這使得它們所在的位置成了金屬的一個薄弱環節。

此時，如果對這些位置施加外力，則金屬就容易出現裂紋，甚至斷裂。

好在位錯運動並非悄然無聲，而是會有聲音的，這就是聲發射，也就是說金屬的內部會發射聲波，如果人們能聽到這些聲波，自然就能避免悲劇的發生了。

可惜，金屬發射的聲波人耳往往是聽不到的，這該怎麼辦呢？

凱塞爾無法解決這個問題，好在十年以後，產生了能傾聽微弱聲音的電子技術，並誕生了一種器物——聲發射檢測器，這種檢測器能探聽到高壓容器、發動機、核反應爐內部的聲音，是工業中不可缺少的工具。

當有機械力在打壓金屬，而金屬無法承受時，金屬材料的局部區域會快速釋放能量，並發出聲波，此時聲發射便產生了。

經實驗檢測，大多數金屬在變形或是斷裂時都會有聲發射的現象產生，不過發聲的頻率是不一樣的，有的能被人聽到，有的則需電子儀器才能檢測出來。

十萬個為什麼

為什麼低溫會對金屬造成傷害？

當溫度變低時，金屬暴露在空氣裡，往往容易變脆，而像錫這種金屬甚至會化為灰燼，這是為什麼呢？

原來，金屬是一種晶體，晶體是由很多緊密堆積的晶格組成的，每個晶格之間由金屬鍵相連。然而，當溫度過低，金屬鍵會遭到破壞，導致晶格產生鬆動，所以金屬就不那麼結實，容易變脆。

62

聲音中的「長跑健將」

可怕又可愛的次聲波

有一種聲音特別擅長跑步，它叫次聲波。

一八八三年八月六日，印尼的拉脫火山爆發，產生的次聲波足足圍著地球繞了一百零八個小時才停止。

人類歷史上第一次核空襲，在廣島上空騰起的蕈狀雲。

一九六〇年五月二十二日，智利發生了人類歷史上規模最大的一場地震，產生的次聲波從太平洋的最南端一直跑到了最北端。

一九六一年十月三十日，前蘇聯進行了一場世界上規模最大的核子試驗，結果實驗中的次聲波繞了地球五圈才肯甘休。

為什麼次聲波這麼能跑？

這是因為聲音的頻率越低，損耗的能量就越少，自然就越能持續，且能傳得越遠，所以頻率小於二十赫茲的次聲波是聲波最短的聲音，自然就能成為「長跑健將」了。

次聲波有兩個哥哥，一個是人耳能聽見的聲音，另一個則是超音波。

不過超音波雖然非常強大，卻不能傳播到很遠的地方，它就像一個貼身肉搏的戰士，雖然瞬間攻擊力很大，但體能消耗極大。

次聲波就不同了，它短小精悍，能「嗖」地一下飛往千里之外，所以人們非常喜歡它的這種特性，在人類無法直接面對的海嘯、地震、火山等重大災難前，次聲波能進行有效的預報，是非常有用的工具。

而在地質學中，次聲波更是作用驚人。

它能勘測到埋在地下很深的礦藏，即便礦石深藏在暗無天日的海底，它也能幫助人類發現這些寶藏。

此外，工人們能利用次聲波來檢測機器的磨損程度，以便及時進行維修，避免更大的損失。

不過，次聲波真的就這麼可愛嗎？

有科學家想利用次聲波製作武器，就發明了一種次聲槍，沒想到在

進行發射時，發生了一場災難。

次聲槍發出的次聲波傳播到了十幾公里的地方，殺死了那裡的人們。

當救援人員趕過來時，大家都驚恐地發現死者的軀體多處流出黑色的血，內臟已被震得血肉模糊。

當記者將新聞報導出來後，所有人都十分驚訝，他們大聲抗議，要求停止對次聲槍的研究。

有人說，次聲槍發出的不過是次聲波而已，為何會置人於死地呢？

因為人的內臟和軀體其實都有自己的固定頻率，如果次聲波的頻率接近人體器官的頻率，就會產生共振效應。

那麼器官就不能在正常情況下運作了，嚴重時甚至會受到極大的傷害。

不過有趣的是，其實人體本身就在發射次聲波。

比如心臟每秒震動一・二次，肺部每秒震動〇・三次，此外血管、腸胃等都在不停地發出次聲波，所以，次聲波是人類不可或缺的一種聲音，真是既可愛又可怕的一個長跑健將啊！

次聲波的頻率小於二十赫茲，它因能量不容易衰減，所以不易被水和空氣吸收，也就能在水中或者空氣中傳播很遠。

次聲波的產生無處不在，自然災害能產生次聲波，而人類的活動也能產生次聲波，甚至交通工具的行駛、擴音喇叭的發聲也能使其產生。

相較人類，動物所能承受的次聲波頻率更低，比如狗就能聽到十五赫茲的次聲波，而大象更不得了，能聽到一赫茲的次聲波，所以大象找到同伴的方法也很簡單，就是用腳踩踏地面，這樣同伴就能聞訊趕來了。

【十萬個為什麼】

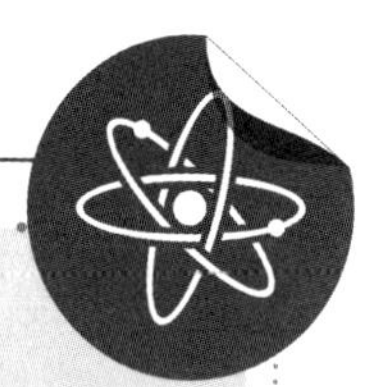

音樂為何會讓人自殺？

匈牙利天才作曲家魯蘭斯·查理斯在與女友分手後作出了一首世界禁曲——《黑色星期天》，很多人聽後自殺了，可是樂曲能發出讓人聽得見的聲音，為什麼也會讓人產生不悅呢？

這是因為該樂曲有很多不和諧的音階，超越了人體的承受能力，而且其低音已經接近於次聲波，再加上傳言對聽者的心理暗示，導致很多人在聽完《黑色星期天》後選擇了輕生。

63

出奇制敵的聲音炸彈

由廢變寶的噪音

一九七七年的十月，一群恐怖份子在西柏林劫持了一架聯邦德國的客機，並威脅機長飛往索馬里。

聯邦德國政府得知消息後立即下達任務，要特種部隊以最快速度抓獲歹徒。

特種部隊的隊長領命後，決定採用一種當時剛剛生產出來的武器制敵，不過他心裡也沒底，不知道是否能將敵人一網打盡。

經過漫長的等待，飛機終於降落在摩加迪休機場，特種部隊火速出現，前後只用了三秒鐘就打開了飛機艙門。

此時，恐怖份子有所察覺，正準備拿人質的性命來要脅時，忽聽一聲巨響，期間伴隨著一股強烈的閃光，便立刻連話也沒來得及說，就全體昏了過去。

結果，特種部隊在不到十秒鐘的時間裡就大獲全勝，實在是令人不可思議。

政府軍使用的是什麼武器，為何會如此厲害？

原來，他們用的是一種噪音炸彈，這種武器能使人在一瞬間暈厥，所以機上的乘客和工作人員才得以安然無恙。

由於用事實見證了噪音炸彈的威力，兩年後，英國政府再度使用這種炸彈制伏了佔領伊朗駐英大使館的一些暴徒，而且過程非常輕鬆。

不過很多人還是不解，噪音為什麼能使人昏迷，我們成天不都生活在噪音裡？怎麼沒有暈過去呢？

其實在軍隊使用噪音炸彈前，早已有先例證實噪音對人體的傷害了。

中國的三國時期，曹操對劉備緊追不捨，趕來救場的張飛站於橋頭，大喝一聲，聲如洪鐘大呂，嚇得曹營中的夏侯傑墜馬身亡。

一九五九年，美國進行一場承受飛機雜訊的實驗，宣稱做試驗的人都會獲得一大筆獎金，結果有十個人欣然前往，卻無一例外都成了「音」下鬼。

幾年後，美軍的超音速飛機飛抵奧克拉荷馬市上空進行飛行實驗，由於是低空飛行，且每日次數頻繁，結果六個月後，某個農場的雞遭了殃，一萬隻雞中只有四千隻活了下來，而且還成了羽毛脫落、不下蛋的「失魂落魄」雞。

噪音之所以對人和動物有危害，是因為它不僅能損傷生物體的聽覺器官，還能對中樞神經、內臟器官產生影響。

人類模仿出飛機馬達的轟鳴聲，並讓動物身處其中，發現動物很快變得狂躁不安，而且還出現了體溫升高、心跳加速、心律衰竭等現象。

當聲音達到一百六十分貝以上時，一直健康的大白鼠會在幾分鐘之

內死亡。

科學家隨後對白鼠進行了解剖，發現其內臟有大量淤血，已嚴重受損。

至於人類，則會在噪音中發生腦部貧血、缺氧的現象，而且新陳代謝的速度也開始下降，還會出現生理功能的紊亂。

由於人類的腦部只要缺氧六～七秒即可陷入昏迷，這就不難理解為何噪音炸彈會在極短的時間內讓人失去意識。

不過，人腦細胞如果缺氧三～五分鐘就會導致腦死亡，所以人不宜在高分貝的噪音中待太長時間，否則會產生難以挽回的後果。

噪音是什麼？

它可分為兩類：一類是混亂不堪的聲音，另一類則是高分貝的聲音，兩種聲音都會令人感覺很不舒服。

在人們的日常生活中，噪音是以「分貝」為單位計量的。

人們在交談時，聲音不大於六十分貝，此時人體並無不適。

公車開動時，噪音達到了九十分貝，會讓人覺得厭煩。紡織工廠的噪音為一百分貝，人需要大聲說話才能聽得清。

當噪音達到一百一十分貝時，人們覺得難以忍受了；到一百二十分貝時，人體感覺痛苦；達到一百五十分貝時，人體的聽覺會受到永久損害；噪音為一百八十分貝時，連金屬都會遭受破壞；達到一百九十分貝時，嵌在金屬中的鉚釘竟然能被噪音拔出，可見噪音的厲害！

【十萬個為什麼】

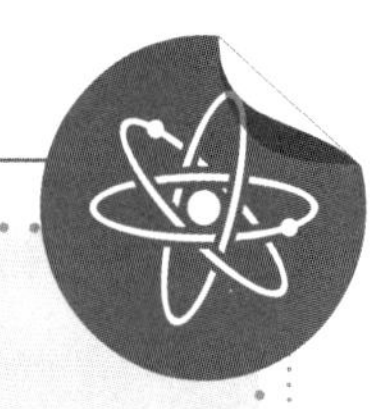

分貝是什麼？

分貝是能描述聲音大小的物理量，以發明電話的貝爾的名字命名。由於「貝爾」不太能準確形容聲音，所以人們就加了個「分」字，形成了分貝。

零～二十分貝是非常輕微的聲音，那是否說明零分貝就是無聲呢？非也！

零分貝其實是波長為一千赫茲的聲音，其實還是有聲的，只不過這個頻率幾乎不能為人耳聽到，所以像是沒有聲音一樣。

64

抓住綁架犯的聲紋

聲音也有「身分證」

科技在進步，人們的生活品質不斷提高，但犯罪技術也不斷升級。罪犯們肯定會感謝科學家們的「無私貢獻」，讓他們的作案手法越來越便捷。

一八七五年，英國人貝爾發明了世界上第一台電話機，這讓綁架犯大呼過癮：以後要求人質的家屬交贖金可以不必親自出馬了！

一八八六年，德國人戴姆勒和同伴發明了世界上第一台汽車，罪犯們再次春風滿面：以後挾持人質可以迅速逃離現場啦！

於是，隨後的犯罪事件越來越多，由於罪犯們不肯輕易露面，令破案出現了很大的難度，因此讓警方十分頭痛。

針對這種情況，科學家們覺得應該採取相應措施，於是他們仔細研究，發現每個人的聲音都是不同的，就如同指紋一樣，能夠鑑定出每一個人的身分。

一次，英國發生了一起綁架案，被綁架的是一個富商的女兒，犯罪份子給富商打來電話，要求支付一大筆贖金。

富商恰逢生意出現危機，湊不出那麼多錢，他請求罪犯寬限些時日，誰知綁架犯威脅要撕票，一下子把富商嚇出了心臟病。

富商住進了醫院，他的太太不知該如何是好，就瞞著富商偷偷報了警。員警得知此事後，讓富商一家人不要著急，並讓富商的太太在綁架犯下次打電話過來時盡量拖延時間，通話時間越長越好。

憂心忡忡的女人答應了。

一天之後，綁架犯見贖金仍沒有下落，不由氣得火冒三丈，打電話過來催錢。富商太太故作鎮定地接了電話，謊稱贖金已經湊齊，求對方讓自己聽一聽女兒的聲音。綁架犯一聽錢馬上要到手了，不由得大喜，就讓被綁的小女孩接電話。女孩子可能嚇傻了，在電話那頭只說了一句「媽媽」，就大哭不止。

綁架犯不耐煩地奪過電話，威脅道：「聽到沒有，妳女兒還活著！下午五點把錢帶過來，這是最後期限！」

說完，他「啪」地一聲掛了電話。

富商太太一驚，好半天才反應過來，她焦急地望著員警們，詢問道：「這樣就可以了嗎？你們能保證將我女兒平安救出嗎？」

員警們點點頭，勸慰道：「放心吧！」

原來，此次通話早已被錄音，隨後，技術人員將電話錄音進行分析，發現原來案犯是倫敦郊區一個叫亨利的無業遊民。

員警們斷定亨利一定是將人質藏在自己的家裡，就來了一次突然襲擊，結果成功將人質解救，而幾個綁架犯也落入了法網。

從此，電話錄音技術被廣泛應用，成為破獲犯罪行為有力武器之一。

既然聲音能跟指紋一樣，顯示出一個人的特定身分，科學家們就將人的聲音稱為「聲紋」。

專家們發現，一個人過發育期後，一直到他五十多歲，他的聲紋基本上就不變了。

當一個人在說話時，他的聲音強度在不同頻率範圍內是不一樣的，這世界上不會再有第二個人與他的聲紋相同，所以員警們才能依此抓獲罪犯。

為什麼每個人的聲紋都會有差異呢？

那是因為人的發聲器官是不一樣的，而且人們在學習語言時，都會擁有自己獨特的發聲習慣，這就讓聲音有可辨別性，即便是兩個長相一模一樣的雙胞胎，他們的聲紋也是能被分辨出來的哦！

【十萬個為什麼】

為何警匪片中罪犯會在一分鐘內掛電話？

這當然不是為了錄音，要說現代錄音技術，早比一百多年前強多了，就算不到一分鐘，也是可以分析出罪犯的身分的。

員警之所以要求受害人家屬與罪犯通話超過一分鐘，是為了進行罪犯的定位，只有通話時間夠長才能讓電話基地站進行定位，且基地站越密集，定位的地點就越精密。

第四章

原子物理學之精

亦敵亦友的啟蒙者

玻爾的原子結構假說

中國相聲裡有一句玩笑話：不想當裁縫的廚子不是好司機。

類似的話可以用在丹麥物理學家玻爾身上，而且完全適用，不會出任何差錯：不想當守門員的物理學家不是好的雄辯家。

這話該怎麼解釋呢？

原來，玻爾在年輕的時候非常喜歡足球，自從他十八歲考入哥本哈根大學後，就成為校足球俱樂部的一位守門員。據說玻爾的守球技術一流，如果讓他出生在現代，一定能進入世界盃。

可是玻爾更喜歡物理，足球只是他放鬆的一種愛好。

於是，球員們在球場往往會看到這樣無奈的一幕：玻爾好好地站在球門口，忽然，對方的球員攻過來了！玻爾竟然紋絲不動，似陷入沉思中，任由對方的球員將球踢進大門！

不要以為玻爾傻了，其實他是在思考物理問題呢！

後來，玻爾取得了哲學博士學位後就去了英國，加入拉塞福的科學團隊，開始研究電子，並成功地創建原子結構理論模型，也就是玻爾模型。

其實，玻爾之所以會有以上成就，得歸功於一個人，那就是愛因斯坦。

因為愛因斯坦創造了光量子理論，使玻爾受到啟發，玻爾心想，光子是一種電子，是否會存在於原子中呢？

後來，他發現到原子擁有原子核，原子核是一個質子，而數個電子就圍繞著原子核運轉。

他的理論使他成為了哥本哈根學派的領袖，後來他繼續從事量子的研究，時間長達四十年。

一九二〇年，玻爾終於見到了他仰慕已久的愛因斯坦，兩人一見如故，友好地交談起來。

然而談著談著，氣氛似乎不對了，因為他們是科學家，堅定地相信自己的理論，可是恰巧他們的想法並不一致，也就意味著志不同道不合，多說兩句就起了爭執。

什麼叫有緣無份，看看玻爾和愛因斯坦就知道了。

但正如很多不甘心的紅塵中人一樣，兩人儘管意見不合，卻仍舊堅持做朋友，儘管從他們認識的那天起，他們就一直爭吵，並足足吵了三十五年。

爭執的核心在什麼問題上呢？

玻爾認為，量子理論不同於經典物理學，其存在一個機率的問題，也就是說，

玻爾和愛因斯坦在討論問題。

你無法用一個標準去定義量子理論。這道理就如同著名的「薛定諤的貓」。

對此，愛因斯坦表示不同意，他認為既然牛頓都列出了成堆的公式，為什麼自己不可以列出標準公式來呢？

於是，愛因斯坦和玻爾展開了唇槍舌劍，但是雙方勢均力敵，誰都說服不了誰。

愛因斯坦怒了：「你怎麼就不聽話呢？」

玻爾反唇相譏：「要讓我折服，拿出證據來呀！」

兩人就這麼耗著，他們同為重量級的物理學家，自然會講出無數道理為自己辯解，就這樣，玻爾又成了一個雄辯家。

不過，玻爾依然與愛因斯坦保持著良好的關係。

一九二二年，諾貝爾獎終於破除了對相對論的偏見，決定將上一屆的物理學獎頒發給愛因斯坦，同時將本年度的物理學獎頒給玻爾。

玻爾得知後寫了一封信給愛因斯坦，他為自己同時與愛因斯坦拿獎感到不安，並稱讚了愛因斯坦所做的奠基工作：「如果沒有你，就沒有我後來的成就，你的貢獻遠在我之上。」

玻爾模型如今已經深入人心，儘管玻爾未能用實驗法來證明這一假說，但大家能被他的理論所折服。

這一模型描述了這樣一場情景：數個電子在一些特定的軌道上做圓周運

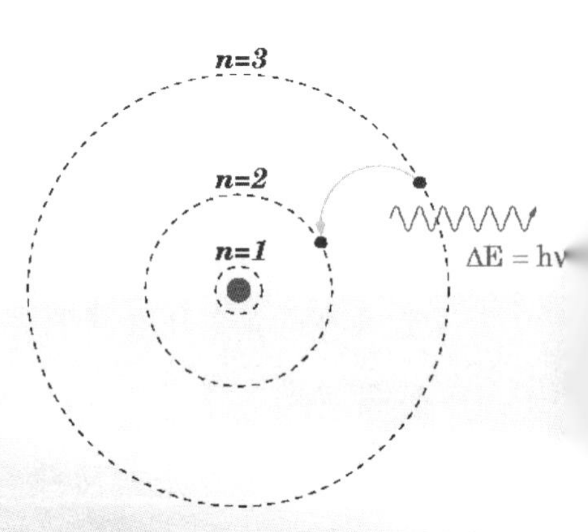

玻爾模型的簡單示意圖。

動，同時繞著一個原子核運行，離核越遠的電子能量越高，反之則越低。

玻爾的理論加速了量子論的進程，而愛因斯坦也並非只是玻爾的老師，他也受到了玻爾的啟發，將玻爾模型與普朗克的黑體輻射定律結合起來，完成了量子論的初步成就。

【十萬個為什麼】

什麼是「薛定諤的貓」？

這是由奧地利物理學家薛定諤提出來的一個想法，情景是這樣的：將一隻貓裝在一個封閉的盒子裡，同時盒子裡裝有一盒食物和一瓶毒氣。毒氣瓶的上方有一個錘子，錘子由電子開關控制，開關由放射性原子控制。

如果原子核衰變，則開關會被觸動，錘子落下，毒氣將溢出，貓就會被毒死，但是，科學家目前只知道原子核衰變一半所需的時間，剩下的時間就不知了。

所以，無人知曉貓什麼時候死，也無法用公式來計算，所以這隻貓的生與死就成為了一個隨機發生的機率事件。

66

最早打開放射性大門的人

貝克勒

一提到「放射性」的概念，想必很多人都會將居里夫婦掛在嘴邊。

的確，居里夫婦發現了具有放射性的鐳元素，從而正式開啟了放射性的大門。

然而，事實是，居里夫婦並不是放射性的發現者，他們只是受到了一位物理學家的啟發，才決定去提鍊鈾的。

那這位啟示者是誰呢？

他就是法國人貝克勒。

貝克勒是個出生在書香世家的名門子弟，他在二十五歲那年獲得了工程師的資格，此後逐漸在物理學界樹立起威望，人到中年已是一位德高望重的前輩了。

一八九五年，倫琴發現了X射線，他將經射線感光的照片寄給各位科學家，其中就包括著名的物理學家、數學家彭加勒。

貝克勒發現鈾鹽能發出穿透力很強的射線，後來被稱為「貝克勒射線」。

彭加勒在法國科學院做報告時，特地向

臺下的眾多學者展示了X光的照片，引得眾人驚奇聲一片。

有一位物理學家好奇地站起身，問道：「主講人，我想請教一個問題，X射線的發射區域是具體的哪一部分呢？」

彭加勒沒想到對方會提這個問題，他沉吟片刻，答道：「應該是陰極射線照射的玻璃壁。」

此時，貝克勒忍不住站起來，質疑道：「可是據我所知，陰極射線會讓整個玻璃體發出螢光，並不是只照亮某一小塊區域。

另外，你也不能排除陰極射線在照射過程中，可能還會有其他類似X光的射線。」

這時，觀眾席中發出了一些驚呼聲，接著有些人開始小聲討論貝克勒的話是否正確，致使禮堂裡的安靜氣氛被打破了。

彭加勒的臉上有些掛不住，他尷尬地笑著，盡量將問題淡化：「如果你覺得你的說法是對的，那麼請拿出證據來。」

貝克勒被將了一軍，他暫時不能證明自己的設想，於是他決定用實驗來讓世人明白除了X光外，這世上還有其他的射線。

他將一張感光底片用密不透風的黑紙包好，然後在底片上放了兩塊小型的鈾鹽與鉀鹽的混合物。

其中，一塊混合物是直接與黑紙接觸的，另一塊則與黑紙的中間隔了一枚銀幣。

貝克勒擺放妥當後，就將這些實驗物品放在了陽光底下。

他的本意是想看看陽光能否穿透銀幣使底片感光，誰知他剛實驗了一會兒，就見天空飄來大片的烏雲，接著一陣一陣的涼風吹起，暴風雨就要來了。

貝克勒沒辦法，只好將實驗品搬回室內，鎖進了抽屜。

陰雨天氣一直持續了五天，天空才放晴，貝克勒連忙將底片取了出來，剝開黑紙仔細查看。

他驚訝地發現，明明沒有陽光的照射，底片居然也被感光了！

這說明，鈾鹽中存在著一種新的射線，他的想法是正確的！

貝克勒趕緊將他的實驗結果上報了科學院，同時繼續對這種射線案進行研究，終於發現了放射性的存在。

因其卓著的貢獻，一九〇三年，他與居里夫婦同時獲得諾貝爾物理學獎，所以也就不難理解為何居里夫婦提鍊出了鐳元素，獲得的是物理學獎而非化學獎了。

放射性指的是某些特殊的物質，它們的原子核會放出人們肉眼看不到的射線。最後，這種原子核會變成另一種類型，這種現象叫做衰變。

其實貝克勒能發現放射性，有很大的偶然因素在裡面。

他若不選用鈾鹽，沒有遇到陰雨天，沒有將底片取出來檢查，就不會成為放射性的發現者了，但命運就是這麼奇妙，一定要選擇他獲得此等殊榮。

不過貝克勒的結論出錯了，他認為放射性只是一種特殊的螢光，直到居里夫人確定了「放射性」的概念，原子物理學的發展才更進了一步。

【十萬個為什麼】

放射性對人體都有害嗎？

貝克勒由於長期接觸放射性物質，致使自己只活到五十六歲就去世了，居里夫人也遭受到了類似的厄運，這是否就說明，放射性一定對人體有害呢？

其實，放射性分天然與人工兩種，天然放射性物質被植物與動物吸收，最終來到人體內，所以人也會具有放射性，此外，宇宙射線也是天然放射性物質，天然放射性早已被人類所適應，所以相較人工放射性而言，不會產生危害。

頒錯諾貝爾獎的物理學家

拉塞福與原子核式模型

一九〇八年十二月十日，瑞典首都斯德哥爾摩正在舉行一年一度的諾貝爾獎頒獎禮。

當發到化學獎時，主創人員用洪亮的聲音喊道：「歐尼斯特・拉塞福！」

頓時，禮堂裡響起熱烈的掌聲，人們將笑臉對準了坐在觀眾席中的一位中年男子，用目光向其表示慶賀。

面對大家的喝彩，拉塞福只得無奈地站起身，向人們鞠躬致敬，然後他才上臺去領這個似乎不屬於他的獎項。

學術界公認拉塞福是繼法拉第之後最偉大的實驗物理學家。

「真是奇怪，我怎麼就成為化學家了？」即便領完獎，拉塞福仍覺得驚奇萬分，對著他的親友不停地自嘲。

導致他獲獎的原因是因為他發現放射性元素在經過衰變後，會變成另一種元素。

當然，這的確和化學沾邊，但對拉塞福來說，他研究的仍舊是物理，

因為衰變的原理是原子放出了射線，這才導致元素發生變化的。

經過長期的實驗，拉塞福發現：原子裡有一個核，就如同桂圓裡必須有一個圓溜溜的果核一樣，而射線正是原子核的放射所致。

拉塞福為什麼要研究原子核呢？這還得從他的師生關係說起。

他大學畢業後就進入了著名的卡文迪許實驗室，拜湯姆遜為師。

湯姆遜是誰？此人是首位發現電子的科學家。

既然老師發現原子中有電子，可是原子又不帶負電，說明原子中肯定還有其他物質，拉塞福就決定接老師的班，繼續研究原子的結構。

當然，完成老師未了的心願，恐怕還因為拉塞福接替了湯姆遜擔任了卡文迪許實驗室主任一職。

一九一一年，拉塞福首次提出了原子的核式結構模型。

八年後，他用 α 粒子轟擊氮核，並成功地從氮核中打出了一種粒子，拉塞福將其命名為質子。

經過一系列的實踐，他證實原子由原子核和電子組成，而原子核位於原子的中央位置。他的這一結論，將原子物理學引入了正確的軌道中，因而他被人們譽為「原子物理學之父」。

拉塞福其實也有徒弟，就是後來提出了玻爾模型的玻爾。

由於拉塞福沒有能正確地解釋原子核與電子的關係，致使玻爾發奮研究，終於提出電子是圍繞原子核運轉的理論。

玻爾因此對恩師十分感激，稱拉塞福是自己的第二個父親。值得一提的是，玻爾的眾多門徒中，獲得諾貝爾獎的竟達十二人之多！

從這一點來講，拉塞福倒也該再拿一個諾貝爾物理學獎了。

拉塞福祖籍紐西蘭，後成為英國人，讀書時成績歷來優秀，大學畢業還拿了三個學位。

他最大的頭銜是英國皇家學會主席，人們讚揚他是與法拉第齊名的科學家，還在他死後將其頭像印在鈔票上，足見其貢獻之大。

除了發現原子核外，拉塞福還有一項偉大的成就，就是讓人工核反應的美夢成真。他用粒子或 γ 射線轟擊原子核，輕鬆解決之前人們一直想實現的元素衰變，他的這一創舉令原子核技術得到快速的發展，這才讓人們能輕易掌控神祕的核能。

【十萬個為什麼】

諾貝爾獎什麼時間在哪裡頒獎？

諾貝爾獎自誕生之日起，就在每年的十二月十日舉行頒獎禮，因為這一天是諾貝爾的誕辰，人們在這一天頒發諾貝爾獎，是為了紀念這位偉人。

諾貝爾獎的頒獎地點有兩個，一個是瑞典，一個是挪威，兩個地點同時頒獎。

其中，挪威頒發的是和平獎，而瑞典的頒獎則在斯德哥爾摩音樂廳舉行。

質子和中子的發現

一九一九年，拉塞福用 α 粒子從氮核中打出了一種帶正電的粒子，他發現這種粒子射程非常長，而且質量也與氫原子核相等，便認為原子核是由該種粒子組成的。

拉塞福將該粒子命名為「質子」，他意識到原子物理學的世界還能繼續深入下去，人們目前僅僅是看到了皮毛而已。

不過，拉塞福在計算時又發現了一個令人驚訝的事情：原子核裡還有另一種微粒，且該微粒不帶電，質量也與質子差不多。

其他科學家聽了拉塞福的假說後，均啞然失笑：「一個帶正電的粒子，怎麼可能跟一個不帶電的粒子結合呢？而且原子核那麼小，這兩種粒子能組合得起來嗎？」

當然，也有一些科學家支持拉塞福的觀點，比如美國化學家威廉・哈金斯，他就將拉塞福口中不帶電的粒子取名為「中子」，意思是中性的粒子。

然而，中子之說始終只是個假想，因為當時還沒有人能用實驗的方法把中子給證明出來。

一九三〇年，德國的物理學家玻西和貝克爾在用X光轟擊金屬鈹時，獲得了一種能量巨大的射線。

該射線能將幾公分厚的鉛板穿透，讓玻西和貝克爾非常高興，他們以為自己已經找到了江湖上傳說已久卻從未被發現的 γ 射線，便立刻將實驗報告發表。

隨後，居里夫人的女兒和女婿，也就是約里奧．居里夫婦非常好奇，他們也依葫蘆畫瓢地獲得了「γ 射線」，並讓「γ 射線」去轟擊石蠟。

結果，石蠟中有粒子流逸出了。

這時，若這對夫妻繼續對這股粒子流進行研究，他們就會成為世界上第一個發現中子的科學家。

可惜，夫妻兩人被拉塞福的實驗禁錮住了，他們心想：原來這就是質子啊！看來「γ 射線」確實威力很強大啊！

因為一開始便是錯誤的觀點，導致了錯誤的結論，讓約里奧．居里夫婦與中子擦肩而過。

正所謂肥水不入外人田，有一個叫查兌克的物理學家，他是拉塞福的學生，他從報刊上讀到了約里奧．居里夫婦的論文後，不禁將老師曾說過的話反反覆覆地想了很久，覺得此事有蹊蹺。

他也做了同樣的實驗，發現確實有高速粒子流逸出了。

可是查兌克仍舊有疑問，他又開始懷疑：γ 射線是沒有質量的，怎麼可能打出質子來呢？這不等於是用灰塵打在一塊岩石上嗎？

他思索了很久，一無所獲，乾脆從「γ 射線」上入手。

他將「γ 射線」與硼發生作用，結果驚奇地發現產生了新的原子核。

「若射線是由電子產生的，怎麼可能與原子核結合呢？說明這根本就不是 γ 射線，而是其他的粒子！」查兌克醒悟過來，笑著說。

接著，他測量出這種粒子的質量與質子相近，且當粒子穿過電磁場時，不會發生任何偏轉現象，說明它是不帶電的。

「我發現老師所說的中子了！」查兌克一蹦三尺高，雀躍地說。

一九三五年，查兌克將自己的發現向全世界公布，諾貝爾基金會決定將物理學獎頒發給他。

因對物理學的貢獻，查兌克於一九四五年在英格蘭被冊封為爵士。

據說，當時基金會還考慮過讓約里奧·居里夫婦與查兌克一起領獎，但拉塞福為愛徒聲援道：「還是單獨給查兌克吧！約里奧·居里夫婦那麼聰明，肯定還會得獎的！」

自查兌克發現中子後，原子世界又再被細分了一步，而中子也異軍突起，在人們的生活中發揮著越來越大的作用。

現今人們明白，中子是組成原子核的核子之一，除了氫元素的原子核不含有中子外，其他的元素都離不開中子。

為何原子核裡要包含質子和中子這兩種核子呢？

道理很簡單：同性相斥。

如果沒有不帶電的中子，同帶正電的質子之間就會相互排斥，原子核就無法形成了，也就沒有那麼多的元素產生了，屆時生命體將不復存在。

中子雖然不帶電，但它是核反應中很好的轟擊原子核的粒子，所以儘管它能量很低，卻是現代核工業必不可少的一種粒子。

位於法國格勒諾布爾的勞厄－朗之萬研究所是世界上最重要的中子研究機構之一。

十萬個為什麼

中子彈為什麼具有如此大的威力？

中子彈是能發射中子的一種炸彈，它也是非常厲害的一種核武器。

可是，中子不是能量很低嗎？為何如此厲害呢？

這是因為中子極容易攻入原子核，在衝擊過程中會產生巨大的能量，而且中子彈還有個特點：它對人體的輻射比對建築物要遠一倍以上，所以當人受到這種武器的攻擊時，稍近一點的建築有可能毫髮無傷，而人將會在七天之內慢慢死去，所以中子彈是非常可怕的武器。

騙取諾貝爾獎的密立根

電子電量的首度亮相

自從湯姆遜發現電子後，很多科學家就展開了對電子的研究，其中就包括測定電子電量這一項任務。

一九〇七年，美國的物理學家密立根也展開了對電子電量的測算，並最終成功地得出了在當時較為精確的資料，因而獲得了一九二三年的諾貝爾物理學獎。

只是，諾貝爾基金會這一次似乎看走眼了，從現代科學角度來看，密立根根本沒有資格獲獎。這到底是怎麼回事呢？

一切還得從密立根測量電量的實驗——油滴實驗說起。

物理學家密立根。

最開始，密立根想出了一個巧妙的方法，他用噴霧器將水滴噴入兩塊平行的電板之間，兩塊電板先不通電，這樣水滴就會在重力作用下加速下降。

不過，根據牛頓的經典力學可知，空氣是有阻力的，而水滴的質量較輕，所以水滴的加速度會越來越小，最後水滴以均勻的速度下落。

這時，密立根再給電板加上電壓，結果電場力發揮作用，讓水滴開始勻速向上升起，如此便得出了兩個速度——不加電時的勻速下降速度和加電場時的勻速上升速度。

透過計算，就能知道水滴所帶電荷的電量了。

可是密立根很快遇到一個問題：水滴易揮發，往往實驗還沒做完，水滴就消失無蹤了。

就在密立根大為頭痛時，一位名叫哈威・弗雷徹的研究生也加入研究電子的實驗中。

弗雷徹腦子比較靈活，他突發奇想：為什麼要用水滴做實驗，用油滴不就行了？

於是他就動手做了一個油滴實驗，並獲得還算準確的電荷資料。

恰巧那一天，密立根不在實驗室，第二天當他回來時，赫然發現了弗雷徹重新布置的設備，頓覺看到了希望，於是他和對方一起研究，用了六週的時間得出了電子電量的資料。

緊接著問題又來了：油滴實驗是弗雷徹想出來的，論文該署誰的名？

密立根覺得不能便宜了弗雷徹，再怎麼說油滴實驗的基本架構是自己想出來的，弗雷徹不過是做了小小的改動，若

密立根實驗裝置。

論功勞，最大的也該是自己啊！

於是，他對弗雷徹說了一番話，大意是研究生的博士論文不能署兩個人的名字，所以弗雷徹就算是發現了電量也畢不了業。

但是密立根又開出了條件：就這一篇油滴實驗署自己的名，其他的論文，弗雷徹可以任選一篇單獨署上自己的名字。

可是諾貝爾獎青睞的恰恰就是油滴實驗，結果密立根光榮地獲得了世界最高榮譽，而弗雷徹則一輩子都默默無聞，直到他死去，這個祕密才被揭曉。

從中可以看出密立根是個小氣鬼，然而他最大的問題還不在於獨霸成果。

六十年後，科學家在研究密立根的實驗紀錄時發現，原來密立根竟沒有全面地分析所有資料。

在他的一百四十次觀察結果裡，有四十九個資料被密立根摒棄了，只留下九十一個他認為較好的資料進行計算，這違背了科學的客觀公正原則，是一場嚴重的學術舞弊行為。

電量，並非指電子的質量，算的是物體所帶電荷的多少，指的是電荷的數量。

在現今測試結果中，科學家發現密立根得出的電荷數值偏低，這是由於密立根在計算時使用了錯誤的空氣阻力資料所致。

由於密立根在一九一三年發表了一篇論文，提出基本電荷的精確值，致使後來的科學家在重複油滴實驗時，一旦發現自己的結論與「基本電荷數值」有偏差，就心生疑慮，不得不稍作修正，直到一九七四年，電量的準確數值才得以真正確定下來。

十萬個為什麼

那些年發錯的諾貝爾獎：

一九二一年：物理學獎花落愛因斯坦，原因是發現了光電效應，但物理學界都知道，愛因斯坦的相對論成就遠在光電效應之上。

一九二三年：加拿大的巴丁和蘇格蘭的麥克勞德因研製出胰島素而同獲醫學獎，但其實麥克勞德根本不在場，巴丁與貝斯才是胰島素的發現者。

一九二六年：醫學獎授予丹麥的費比格，原因是其發現了致癌的寄生蟲，這項成就在現在看來是非常荒謬的。

一九五二年，醫學獎授予發現了鏈黴素的瓦克斯曼，但早在兩年前，美國法院就判定鏈黴素是夏芝和瓦克斯曼一起發現的，對此，諾貝爾基金會居然推說自己毫不知情。

70

全球第一個核反應爐的誕生

引發核裂變的中子

自從拉塞福發現用光子能從原子核中打出質子，查兌克發現用粒子能從原子核中打出中子之後，人們就想出了新的花樣：用質子轟擊原子核，能打出什麼來？

結果他們發現，如果是游離的質子，那麼將什麼也打不出來，反而會讓質子黏在原子核上，生成另一種元素。

二十世紀上半葉，德國的兩位研究員——莉澤・邁特納和奧多・哈恩也一直在研究質子轟擊原子核的現象。

他們發現，當游離質子轟擊鈾原子核時，根本就黏不到原子核上，也無法讓鈾成為比鈾還重的元素。

「這肯定是有問題的，這世上肯定有比鈾還重的元素！」莉澤・邁特納驚訝地對奧多・哈恩說。

奧多・哈恩完全同意莉澤・邁特納

莉澤・邁特納和奧多・哈恩在他們的實驗室。

的看法，他們試驗了整整十年，進行了一百多次實驗，卻無一例外地失敗了。

「為什麼我們不換一種角度想問題呢？」有一天，奧多．哈恩突然對莉澤．邁特納說。

莉澤．邁特納頓時來了興致，問：「什麼角度？」

奧多．哈恩思索了片刻，告訴對方：「如果質子沒有附在原子核上，那就有可能從原子核裡打出了質子或中子，那就是衰變了。」

莉澤．邁特納點點頭，悲哀地說：「看來我們又要走回老路了。」

奧多．哈恩倒沒那麼悲觀，他繼續說：「非放射性的鋇可以探測放射性的鐳的存在，那我們可以在實驗中使用鋇，如果鈾衰變成為鐳，我們就能證實這種衰變了。」

莉澤．邁特納同意了。

雖然在驗證著前人的成果，但他們必須得這麼做，誰讓科學需要公正呢？然而，沒等到結果出來，身為猶太人的莉澤．邁特納就不得不遠走他鄉，以躲避納粹的追捕。

就在莉澤．邁特納逃往瑞典的兩週後，她收到了奧多．哈恩的一份很長的報告。

奧多．哈恩沮喪地告訴莉澤，他又失敗了！因為他連鐳也沒發現，卻只得到遠大於為實驗準備的鋇，他不明白到底是怎麼回事。

莉澤．邁特納自己也很頭痛，她在大雪天去戶外吹風，好讓自己的頭腦加倍清醒。

她的靴子踩在厚厚的積雪上，發出「咔咔」的聲音，這是白雪破碎

的音樂。

忽然，莉澤．邁特納明白過來：為什麼鈾會加速衰變？因為它自身的原子核在不斷地破裂！

她馬上寫信給奧多．哈恩，闡述了核裂變的原理，即粒子流轟擊鈾原子核時，會放出數個中子，這些中子會自動去撞擊其他原子，生成鋇和氪。整個過程就如同連鎖反應一樣，讓鈾塊產生了巨大的能量。

由於核裂變原理的發現，美國物理學家費米設計出了全球第一座核反應爐。

一九四二年十二月二日，這是個全世界都值得紀念的日子，費米在芝加哥大學的足球場堆置了一個由四．二萬個石墨塊和數噸氧化鈾小球組成的巨大反應堆，然後用幾百個吸收中子的鎘控制棒去衝擊反應堆。

結果實驗非常成功，美國政府欣喜若狂，立即啟動「曼哈頓計畫」，研製出了人類歷史上第一枚原子彈，而莉澤．邁特納也因她的卓越才華，被世人譽為「原子彈之母」。

核裂變在進展過程中，會發生幾種變化：

一、放出二到四個中子。

二、原本較重的原子核會分裂成較輕的原子核，也就是說原來的元素變成了其他元素。

三、中子會不斷去撞擊其他原子核，讓反應持續下去，這便是鏈式反應。

莉澤．邁特納因為發現了核裂變，而被譽為「德國的居里夫人」，其實她一直很排斥核武器，她是和平主義者，呼籲各國停止殺戮，曾拒絕為美國製造原子彈。

一九四四年，與莉澤・邁特納一起共事多年的奧多・哈恩獲得了諾貝爾化學獎，或許是擔心莉澤・邁特納的猶太身分使自己受到納粹迫害，奧多・哈恩否認與莉澤・邁特納的合作關係，莉澤・邁特納對此表示諒解。

然而，當納粹戰敗後，奧多・哈恩竟仍不肯承認莉澤・邁特納的貢獻，終於讓莉澤・邁特納失望之極，兩人三十年的友誼宣告破裂。

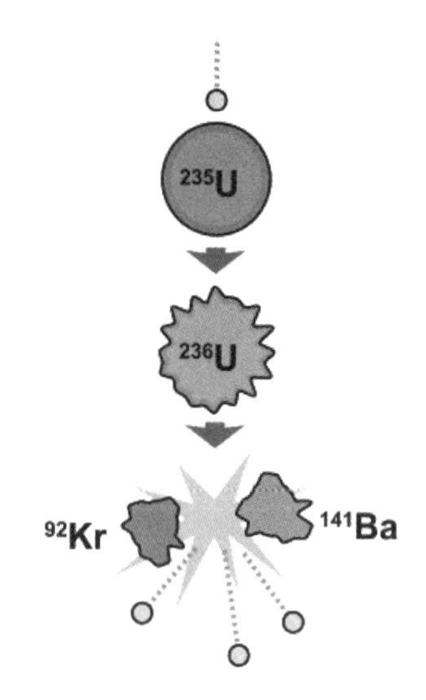

反應爐的裂變反應原理和原子彈的原理一樣，都是鏈式反應，也就是一個中子被鈾235 吸收，形成一個處於激發態的鈾 236，鈾 236 不穩定，裂變為兩個輕核，並放出兩～三個中子。但是在反應爐裡，核子反應速率較慢。

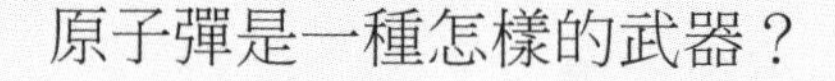

原子彈是一種怎樣的武器？

原子彈是第一代核武器，所用的原理是核裂變，也就是透過鏈式反應產生能量的炸彈。

這種炸彈的主要材料為具有放射性的鈾 235 或 239，當兩種元素裂變時，放出的能量比普通炸藥要高至少兩萬倍，因此是各國非常慎重使用的一種武器。

71

冷戰的產物

威力大於原子彈的氫彈

一九四〇年，德軍攻佔法國，一大批科學家被迫遷徙到國外。

由於美國是當時僅存的幾個和平樂土，所以學者們紛紛將目光投向了大洋彼岸，其中查兌克就率領一群人前往美國，去研究還未被美國政府重視的原子彈。

這群人能成行，得益於愛因斯坦，要不是一年前這位偉大的科學家寫信給美國總統羅斯福，美國是斷然不會想要製造原子彈的。

不過查兌克一行人來到美國後也沒受到優待，小氣的美國政府只撥了六千美元給他們，讓科學家們哭笑不得：開什麼國際玩笑？這些錢只夠給薪水吧？

到了一九四一年底，日本偷襲珍珠港成功，美國生氣了：竟敢在老虎臉上拔鬍鬚！一定要讓你們付出慘痛的代價！

歷史上美國沒有任何一項計畫的保密工作做到了曼哈頓計畫這樣嚴密。圖中一塊告示鼓勵橡樹嶺工人們保密，以英文寫著：「在此的所見、所做、所聞，當你離開時，請留在這裡」。

於是，財大氣粗的美國政府一下子制訂出龐大的「曼哈頓計畫」，將人手增至六十萬人，資金投入也一躍變成令人咋舌的二十多億美元。

在強大的人力、物力支援下，原子彈的製造變得輕而易舉，到了一九四五年，美國人已經擁有了三顆原子彈。

在研製原子彈的過程中，科學家們發現了一個新情況：原子彈爆炸所產生的能量能夠點燃氫核，從而引發聚變反應，這便是核聚變。

其實核聚變早在核裂變之前就引起了物理學家的注意，這種反應是將氫的同位素——氘或氚的原子核，在高溫或高壓下碰撞在一起，兩個原子核生成一個質量更重的新原子核。

在碰撞過程中，巨大的能量被激發出來了，產生了極大的殺傷力。以前沒有原子彈，無法製造出核聚變所需的高溫，但現在條件成熟，美國總統杜魯門一聲令下：「快去製造氫彈！我們需要更厲害的武器！」

結果一年後，一枚重達六十二噸的氫彈「喬治」在太平洋島上發射成功。

第二年，更重的一枚氫彈「邁克」也實驗成功，它爆炸時相當於一千萬噸普通炸藥同時引爆。

美國的核子試驗。

可是這兩枚氫彈都很笨重，像極了美國人的體型，為了在戰場上方便攜帶，科學家又做了改進，用氘化鋰做核燃料，製成了一種體積小巧的「乾式」氫彈，也同樣獲得傲人的成績。

此時，前蘇聯正與美國鬥得你死我活，雖然雙方沒有直接衝突，卻各自虛張聲勢，誓要讓對方相形見絀。

見美國人又是原子彈又是氫彈，蘇聯人非常生氣，赫魯雪夫當即決定：「我們也製造氫彈，要威力比美國更大，讓他們瞧瞧我們的厲害！」

一九六一年十月三十日，一個重達二十六噸的氫彈「伊萬」被送往面積為八·二六萬平方公里的新地島，據專家估算，這場爆炸將使距爆炸中心七百公里的區域化為一片焦土。

誰知，「伊萬」的威力遠遠超過了人們的想像。

這枚氫彈產生的巨大蘑菇雲高達七十公里，隨後，四千公里以內的通訊設備都遭了殃，蘇軍自食惡果，本身的通信系統中斷了一個多小時，美軍的電子系統也大受影響。

不僅如此，爆炸生成了巨大的次聲波，聲波繞著地球足足跑了三圈，讓全世界的人都感受到了電磁干擾的威力。

這場試驗是人類歷史上最大的一次核爆，由於意識到氫彈的危害性極大，後來各國再也沒有進行類似的舉措。

氫彈是由匈牙利物理學家愛德華·特勒研發的，他也因此被稱為「氫彈之父」。

其實，早前特勒還參與了原子彈的研發，當一九四九年，緊追不捨的蘇聯也爆炸了本國的第一枚原子彈後，特勒就上書杜魯門總統，請求進行氫彈的研製。

氫彈是第二代核武器，它與原子彈相比，有哪些優勢呢？

一、氫彈的材料選用的是氫和鋰，比原子彈要廉價很多。

二、制訂的能量是無上限的，可以無限「續杯」。

三、威力比原子彈大，原子彈相當於幾百至幾萬噸普通炸藥的威力，氫彈卻可達到幾千萬噸普通炸藥的爆炸力。

四、單位殺傷面積的成本比原子彈低。

十萬個為什麼

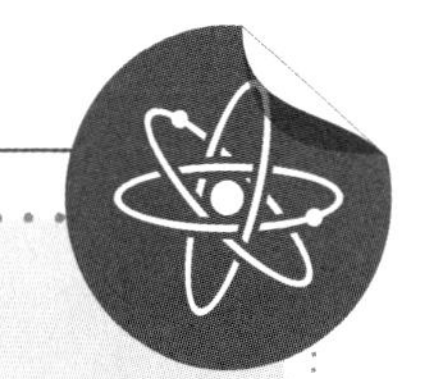

氫彈有什麼缺點？

氫彈是一種熱核武器，爆炸時的溫度遠高於太陽中心的溫度，但是它與原子彈一樣，也具有一些缺陷。

因為氫彈的材料是氫元素的放射性同位素氘或氚，所以時間一長，氘或氚就衰變了，致使氫彈的使用壽命縮短；此外，得避免讓氫彈發生碰撞，否則會產生核聚變，所以氫彈的儲存會有一定的難度。

72

幸運的諾貝爾獎得主

正電子的發現者安德森

請問誰是物理學界最悲劇的人物？

如果提名約里奧．居里夫婦，相信沒有人不表示贊同。

這對極有天賦的夫妻三次徘徊在諾貝爾獎的門檻邊，卻無緣獲得。

第一次，他們錯失了中子；第二次，他們觀察到了正電子卻未加以重視；第三次，他們進行了核裂變的實驗卻未繼續研究。

結果，幸運之神轉而投向了另一位物理學家卡爾．大衛．安德森的懷抱。

一九二八年，美國物理學家狄拉克預言了一種新的粒子——正電子，可是大家都不相信，因為一直以來，電子都是帶負電的，怎麼可能又冒出個帶正電的電子呢？

沒想到三年後，他的預言成為了現實。

安德森能夠發現正電子實屬巧合，當時他正與密立根一起研究宇宙射線的性質。

密立根說：「宇宙射線是電磁輻射。」

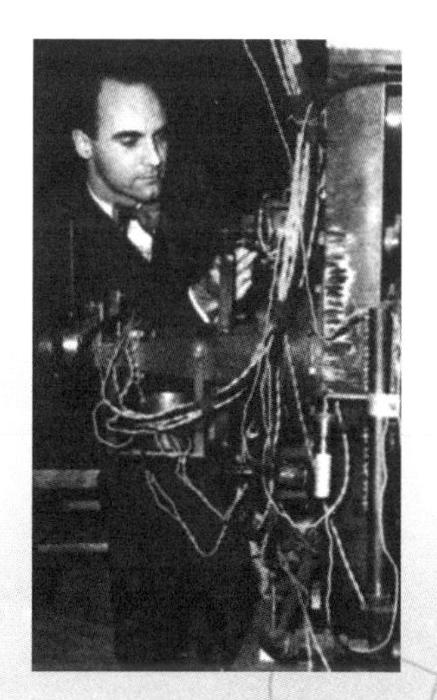

正在做實驗的安德森。

安德森跟大多數人一樣唱了反調：「不，我認為它是帶電粒子。」

密立根諷刺道：「你就會人云亦云。」

安德森氣得要死，就進入雲室做實驗，想看看宇宙射線是否會在磁場作用下發生偏轉。

當天他只拍了一張照片，結果卻失眠了一個晚上。

在該射線中，存在著一種質量與電子相同的粒子，而且其軌道也與電子一模一樣，但它的方向卻「錯」了。

安德森想了很多，他聯想到自己的同窗兼同事、華人趙忠堯的研究，心中一動，心想：也許這就是趙忠堯一直在尋找的新物質了，於是，他將該粒子命名為「正電子」。

過了一年，安德森再度用 γ 射線轟擊出了正電子，結果他因此獲得了一九三六年的諾貝爾物理學獎。

其實，早在一九三〇年，趙忠堯就發現了反物質，他還發現了反物質與正物質觸碰時會湮滅的現象，因此本具有獲得諾貝爾獎的資格。

可惜他運氣不好，當時有一個物理學家對他窮追不捨，一直都認為他的成果是錯誤的，後來經過事實驗證，人們才發現趙忠堯並沒有錯，錯的是提出質疑的那位物理學家。

可惜，此時的諾貝爾獎已經花落安德森，儘管安德森承認自己的發現是受了趙忠堯的啟發，也無法令這一缺憾得到彌補了。

正電子，也叫陽電子、反電子、正子，是一種帶正電的粒子，安德森透過在雲室中充入過飽和的乙醚氣體來觀察正電子的軌跡，從而測量

出了正電子的帶電符號。

美國科學家狄拉克是第一個推斷出正電子的人，他認為一個電子與一個正電子結合，能夠放出光子，這就是湮滅現象。

當然，一個光子同樣可以湮滅，產生一個電子和一個正電子。

就在安德森發現了正電子後，人們又發現了更多的反粒子，這說明在宇宙中，任何事物都不是一成不變的，總會有例外發生，就怕人們陷在思維的桎梏中，那將阻礙科學的進步。

【十萬個為什麼】

什麼是雲室？

雲室，也叫雲霧室，是由物理學家威爾遜發明的一種實驗室。

在雲室中，先充入一種物質的飽和蒸汽，然後讓外界壓強大於該物質的飽和蒸汽壓。

由於蒸汽很純淨，所以會慢慢變成飽和氣體，這時用粒子去干擾這種氣體，氣體中就會形成以粒子為核心的小液滴。

於是，當粒子在氣體中穿行時，就劃過了一道液滴軌跡，這樣便能知道粒子的運動情況了。

73

原子核內的無窮世界

夸克模型理論

人類具有打破砂鍋問到底的精神，無論是宏觀世界還是微觀世界，莫不如此。

因為微觀世界再小，也不會小到消失不見，於是科學家就一次次地剖析物質，從分子到原子，再到原子核、電子，後來又從原子核裡發現了質子和中子。

這就算研究完了嗎？

十九世紀中葉，美國一位物理學家突然提出了一個驚世觀點：質子和中子是由三個夸克組成的，而夸克則是構成宇宙中一切物質的最基本粒子。

他就是擁有「五個大腦」，並統治了粒子學界二十年的美國物理學家蓋爾曼。

在早年時，蓋爾曼差點就成為一名考古學家，因為他懂的知識太多了，幾乎囊括了自然科學和人文科學。

蓋爾曼在一九六四年提出了夸克模型。

正當他想上大學的時候，經濟危機爆發了，想走自然科學之路的蓋爾曼遭到了父親的反對，父親強烈地希望兒子去學「餓不死」的工程學，結果蓋爾曼經過「討價還價」後，學了物理學。

蓋爾曼的頭腦真的好到沒話說，他不到二十二歲就拿到了麻省理工學院的博士學位，然後他就開始發揮一系列天馬行空的想像，結果震撼了整個物理學界，並使原子能物理學一下子進步了幾十年。

二十四歲那年，他發現了基本粒子的奇異數；三十二歲那年，他又提出了關於強子的分類，到三十五歲時，他的發現震驚了全世界。

他提出，中子和質子這類強子是由三種夸克——上夸克、下夸克、奇夸克組成的，而三個夸克之間由膠子聯繫在一起，這便是夸克模型。

蓋爾曼是在一次吃早飯的時候想到這個模型的。

那天，他打開冰箱時，發現自己前幾天買的一種德國乳酪，便將乳酪取出做成了三明治。

都說一天之計在於晨，蓋爾曼在吃東西的時候仍不忘思考一下重子的結構。

忽然，他腦中閃現出了一個由三個粒子組成的三角模型，這個模型看起來堅不可摧，能形成一切事物。

蓋爾曼感覺很興奮，他想：我有必要為這粒子取一個名字。

這時，他正好吃進了一塊乳酪，他突然笑起來，覺得乾脆就叫夸克。

夸克的名字含有戲謔的成分，因為蓋爾曼只負責猜想，其餘證明的工作全交給別人做。

不過，他是個天才，後來的科學家經過試驗發現，蓋爾曼提出的設想都是具備可行性的，因此大家都對他頂禮膜拜，認為他是個神。

正因為在粒子論中發表了夸克模型，五年後，蓋爾曼獲得了諾貝爾獎，其實當初蓋爾曼並未想到自己的一個小小假說能打動大家，這倒也說明幸運之神對他的青睞了。

要瞭解蓋爾曼的夸克模型，就必須先瞭解以下幾種粒子的概念——

重子：由三個夸克組成的複合粒子。

輕子：沒有結構，不參與相互作用的粒子，通常被認為是自然界最基本的粒子之一。

介子：是質量介於重子與輕子之間的粒子。

強子：能夠受到強相互作用影響的亞原子粒子，重子和介子都是強子。

點粒子：是一種抽象的粒子模型，可以有質量和電荷，但是沒有提及，是基本粒子之一。

有了夸克模型後，粒子學的研究又深入了一步，理論認為夸克被禁錮於粒子內部，不會有單獨的夸克存在。

目前經實驗室證實的夸克有三十六種，其中一半是正夸克，一半是與之對應的反夸克，且夸克是具有顏色的。

然而，夸克已經達到微觀世界的極限了嗎？夸克本身能否再被細分呢？人們仍舊在不斷探索，也許不遠的未來，會有更小的粒子再度震驚世界。

【十萬個為什麼】

電子是基本粒子嗎？

質子與中子可再分，電子是否也能被細分呢？

一九八一年，德國科學家發現光子有內部結構，而光子是由電子和正電子湮滅得到的，由此可推斷，其實電子也是由更小的粒子構成的。

那麼，電子是由夸克組成的嗎？

或許不是，因為夸克組成的是強子，而電子的質量幾乎可以忽略不計，任何一種夸克都比電子重，所以電子不是由夸克構成的。

74

讓皇帝遭受天譴的流星

等離子現象

古時候，人們對一切天象都充滿了好奇心，總以為天有異象，就會產生大福或者大災，於是對上天總是心生畏懼。

一千六百多年前，正是中國歷史上混亂的南北朝時期，也發生了一件令人震驚的天文現象。

那是三月的一個晚上，天氣依舊十分寒冷，當時宋朝的一些百姓行走在路上，他們或回家禦寒，或是一些披星戴月趕路的小商販，大家都縮著脖子在夜空中走著，均以為今晚也和平常一樣，沒什麼不同。

當晚一輪圓月掛在潑墨的天幕之上，皎潔的月光照亮了大地，一切都顯得那麼靜謐。

也許是出自對月亮的敬畏，有一些人仰頭張望了一下，卻頓時驚叫起來：「有流星！」

因為流星的速度極快，看到的人擔心其他人沒有這個機會，就用手指著流星逝去的方向，著急地說。

誰知一顆流星消失，更多的流星來了。

一瞬間，成千上萬顆或大或小的流星如美麗的煙火，如湧上海岸的

浪花燦爛開放。

人們把嘴張得大大的，一齊發出驚呼聲，他們並不像現代人那樣知道流星雨不過是天文現象之一，卻以為世上發生了大事，於是紛紛跪倒在地，一個勁地祈禱著：「神靈保佑，神靈保佑啊！」

後來有人說，那麼多的流星一齊出現，一定是有什麼大災難，說不定會死很多人；又有人說，肯定是當今的皇室出了什麼問題，才惹得上天如此生氣。

當時的宋朝還真的出事了。

宋世祖劉駿看上了自己的親生母親，與母亂倫，眾臣得知後深感無奈。

在朝廷中，沒有人敢提這件事，因為這樣一來就等於自揭其短，二來天子之事誰敢亂評論啊！

可是老百姓才不管這些，他們得知皇帝竟與自己的親媽亂來時，都咒罵劉駿不是東西，該遭到天譴。

如今，天譴果然來了，這麼多流星，不就是說連老天也對劉駿的所作所為看不下去了嗎？

結果劉駿只活到三十五歲就一命嗚呼了，老百姓們更相信了流星的預言，紛紛感慨道：「人在做天在看，上天自有安排啊！」

其實不只是古人迷信流星，現代人也很崇拜流星，他們覺得對著流星許願能幫助自己實現願望，因為流星會「飛」，代表著一種神奇的魔力。

為何流星會劃過天際達幾秒鐘，而不像閃電那般瞬間消失呢？

這時因為，流星其實不是「星」，而是一種宇宙沙粒，當它從宇宙中快速到空氣稀薄的大氣層中時，會一直與空氣進行摩擦，直到它燃燒殆盡為止，所以不會很快消失掉。

那為何流星會發光呢？

因為流星在行進過程中打掉了空氣原子中的電子，導致那些裸露的原子核和電子形成了一個等離子區。接著，原子核和電子勢必要再度結合，結合的過程中就放出了能量，於是流星美麗的光芒便由此而來。

【十萬個為什麼】

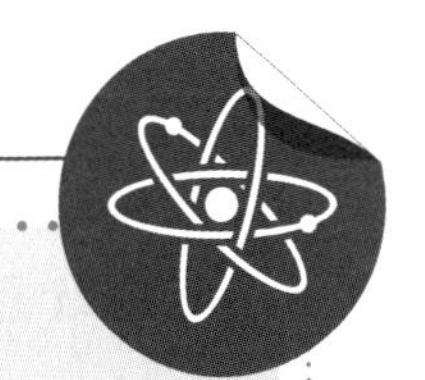

什麼是等離子？

當溫度持續升高時，分子中的原子會發生分離，而分離後的原子的電子將跑出來，讓原子變成一些自由的原子核的電子。

那些原子核與電子便是等離子，而它們組成的區域便是等離子區。

等離子具有良好的導電性和導熱性，因此常被用於製作切割機、焊接機、電子顯示器和躲避雷達追捕的隱形飛機，它還能幫助醫生進行手術。據說，《星際大戰》中的光劍就是等離子劍。

75

「庫利南」的硬度解密

原子結構的變化

鑽石是世界上最珍貴的一種寶石，雖然它成為人們的寵兒只有數百年的時間，但其增值的速度卻令其他珍寶豔羨不已。

在現代鑽石鑑定技術上，重量、淨度、色澤和切工是衡量一顆鑽石價值的四個標準，假如有這樣一顆鑽石，它又大又純淨，色調也幾乎透明，那就可以肯定，這絕對是一顆舉世罕有的昂貴鑽石。

一九〇五年的一月，南非普列米爾礦山中的一個礦工在做完了一天的工作之後，正準備前往營地休息。

當他走到一處山坳的時候，由於天色暗淡且走得太快，不小心被地上一塊凸起的石頭給絆了一跤，結果摔了個四仰八叉。

礦工一邊暗嘆倒楣，一邊不由自主地向地上看了一眼。

頓時，他以為自己的眼睛看花了。

原來，那凸出於地面的石頭雖然沾滿了泥土，卻仍有一小塊地方現出了透明的顏色。

礦工趕緊俯下身去，將「石頭」上的泥摳乾淨，卻發現這就是一塊金剛石。

他試著去拽金剛石，使出了吃奶的勁，卻徒勞無功。

憑著多年的經驗，礦工覺得自己可能發現了一塊大礦石，他激動得雙手都在顫抖，乾脆趴在地上，一點一點地將金剛石掏了出來。

當整塊金剛石呈現在他眼前時，這個見過無數礦石的工人都忍不住驚訝了：這塊金剛石居然有一個男人的拳頭那麼大，而且透明度極高，還有一點淡藍色，說明淨度還不夠，但是如果稍作打磨，說不定品質更加上乘。

礦工心花怒放，當即把這塊金剛石捧回了家。

儘管他的口風很緊，可是時間一長，大家還是知道了這個消息。

一時間，礦工的家中人頭湧動，大家都想看看這塊世界上最大的金剛石。

當時的南非政府聽到這個消息後，擔心金剛石被人偷走或遭毀壞，決定用十五萬英鎊的鉅款將其買下。礦工欣然同意。

英王愛德華七世。

就這樣，世界第一大金剛石到了政府的手中，取名為「庫利南」，隨後又被做為外交禮物送給了英國的國王愛德華七世。

英王將庫利南切割成了九粒大鑽，其中第一號大鑽「庫利南一號」重五百三十·二克拉，被命名為「非洲之星」，至今仍鑲嵌在英國女王的權杖

上。

後來，科學家對鑽石做了研究，發現了一個誰都沒有想到的事實：其實鑽石和石墨竟然是由同一元素碳組成的，可是前者成了世上最硬的物質，而後者卻成了最軟的一種物質，這究竟是怎麼回事呢？

原來，這和它們的原子結構有關。

金剛石的原子結構呈「緊密團結」狀，以一個碳原子為核心，幾個碳原子將其包圍，而這幾個原子間的距離和角度完全一樣，就如同一致將鹿頭對外的馴鹿一樣，外力很難打擊到牠們。

可是石墨就不行了。石墨的原子結構像書本一樣，一層一層地堆疊起來，禁不起外力的作用，自然就會斷了。

金剛石是一種天然的礦石，而鑽石是經過打磨後的金剛石，兩者雖然成分一樣，但由於切工不同，所以鑽石會發出比金剛石璀璨得多的光芒。

鑽石到底有多硬？

舉個例子，它的硬度是硬質合金刀的六十倍，是高速鋼的兩百五十倍，是普通油石的三千倍！

由於它具有強大的耐磨性，所以即便價格高昂，人們還是很喜歡把它當成工業材料，不過大家用的是金剛石，畢竟鑽石需要雕琢，人工更貴，也無必要。

在採礦業上，金剛石可做成打油井的地質鑽頭；在機械工業上，它可成為精密儀器的軸承、砂輪和磨料。

另外，金剛石有著良好的折光性和導熱性，所以在紅外線、鐳射等精密技術上也有很大的用途。

【十萬個為什麼】

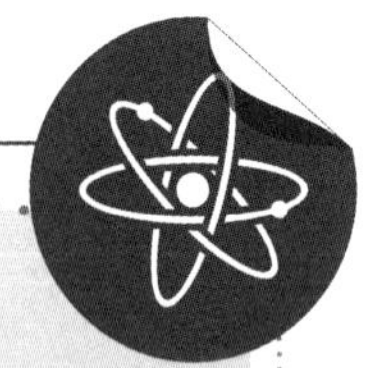

「克拉」是什麼？

人們一提到鑽石，往往都要說鑽石幾克拉或者多少分，所以「克拉」或者「分」，就是鑽石的重量單位。

一克拉＝〇・二克，一克拉的百分之一就等於一分，所以五十分＝〇・一克。克拉數越大，鑽石的價格越貴。

當然，影響鑽石價格的因素還有淨度、顏色和切工。在無色鑽石裡，淨度為D的鑽石是品質最好的，表示毫無任何瑕疵，而目前紅鑽則最為稀有，價格也最為昂貴。

76

「掃把星」的由來

揭開太陽風的神祕面紗

古時候，中國人罵人，總喜歡說一句：「你就是掃把星！」

掃把，就是掃地用的掃帚，手柄細長，尾部寬大，是一般人的家庭用品之一。

所以掃把星的形狀也就不難想像了，肯定是一顆拖著粗大尾巴的「星星」，而且還跟掃帚一樣，能在天空不停地掃啊掃啊。

說到這裡，很多人大概都明白過來了：「這不就是彗星嗎？」

彗星之所以被稱為「掃把星」，和中國的占星師脫不了關係。

在古代，星象師們往往會在戰爭、祭祀前夕「夜觀星象」，根據從天空中觀察到的異常情況來判定是否有大事發生。

由於彗星不常出現，而一旦出現，其亮度甚至能夠超過月亮，再加上它那條與眾不同的長尾巴，讓星象師們都覺得：這肯定是一顆災星！

於是，每當有彗星出現時，大師們就會著急地呼喊道：「天象有變，大災難要來了！」

久而久之，人們把瘟疫、戰爭等災難也歸咎到彗星身上了。

中國古代有個「窮神」，是與財神地位相當，但功能相反的一位神仙。

窮神春節時會來到人們家裡，一待就是四天，這四天中，人們不能打掃，以防惹怒窮神，讓自己在一年當中交到厄運。

直到年初五，大家才燒香祭祀，然後打掃房屋，用掃帚將汙穢一掃而空，所以掃帚具有掃除霉運的作用。

既然掃帚與厄運有著如此緊密的聯繫，與掃帚形狀相仿的彗星就自然成為一顆倒楣的災星了。

後來，人們就把「掃把星」演變成罵人的話，誰若是「掃把星」，就等同於被認為是一個倒楣鬼。

為何彗星具有如此長的尾巴呢？難道這真的是它擁有倒楣力量的源泉嗎？

一九一〇年，著名的哈雷彗星首次造訪地球，科學家就開始思考：彗星之所以有尾巴，會不會是受了太陽光的壓力影響？

科學家們透過研究發現，彗星是由大量冰晶、塵埃和微小石塊組成的固體，當彗星靠近太陽時，冰晶融化蒸發，而陽光可以利用壓力將小石塊推出去，所以尾巴就形成了。

出現在貝葉掛毯上的哈雷彗星，這幅掛毯在此處描述的是在一〇六六年在赫斯廷斯戰役之前，哈勒德兩世國王被告知哈雷彗星的出現。

當光的壓力學說被實驗證明後，這個觀點就似乎板上釘釘了，在長達半個世紀的時間裡，大家一致贊同彗星的長尾巴是由光壓造成的。

可是有一個叫比爾曼的德國科學家提出了異議，他認為即便光壓再大，也不可能產生那麼長的尾巴。

他嘲諷地說：「你們把光當成巨人了嗎？它有這麼大的力氣嗎？」

另外一些科學家也不接受光壓理論，他們傾向於尋找更合理的解釋。

一九五八年，美國物理學家派克受粒子論的啟發，覺得彗星的尾巴不是被「壓」出來的，而是被「吹」出來的。

他提出一個假設：太陽因其過高的溫度，致使原子發生電離，於是一些電子就剝離出來，如同風一樣地吹向彗星，這樣彗星的尾巴就被吹長了。

幾年後，人類發射了行星探測器，成功探測出了太陽風的存在，原來太陽真的能「吹」出風，而且速度還不小，能達到每秒幾百公里，光壓與之相比，根本不值一提，所以彗星能擁有那麼美麗的尾巴，是多虧了太陽的功勞啊！

目前，人們已知太陽上最豐富的元素是氫，而氫極易在高溫環境中被電離成質子與電子。

因此，太陽風主要是由質子和電子組成的，它從太陽表面逸出後，進入了整個太陽系，而太陽的質量也因此減小，據科學家計算，太陽從誕生之日起到現在，因太陽風而使其總質量的萬分之一被損耗掉了。

太陽風對地球有什麼影響呢？

由於太陽風是一股高速粒子流，所以會對地球的磁場產生強烈干擾，使地球上的無線電通信設施無法正常運行，不過它的優點在於能和南北極上空的氣體碰撞，使人們得以見到美麗的極光。

十萬個為什麼

太陽為什麼會發光發熱？

因為太陽主要由氫、氦元素組成，而氫是核聚變的主要材料，在高溫條件下，四個氫原子核會聚變成一個氦原子核，聚變過程中巨大的能量就被釋放出來了，所以太陽會發光發熱，且源源不斷。

77

「西班牙流感」引發的恐慌

致命的太陽黑子

太陽是人類的良伴，它賜給了人們光明、溫暖、雨露，它是地球上所有生命的泉源。

但這個良師益友有時候也有脾氣不好的時候，當它發怒時，竟能搖身一變，從天使變為惡魔，著實讓人措手不及。

一九一八年，一場席捲了整個世界的流感氣勢洶洶地登陸西班牙，而後趾高氣揚地向人類發動了進攻。

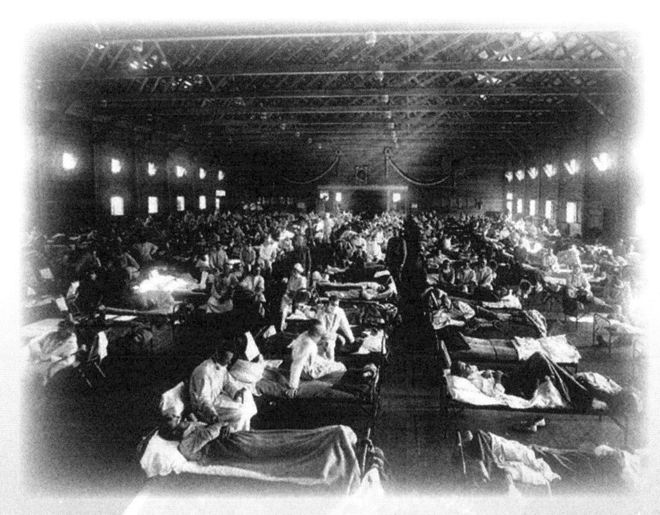

西班牙大流感期間的軍事醫院。

當時正值第一次世界大戰進行時期，無情的戰火傷害了很多人的身軀，而流感又跑來火上加油，致使全球的死亡人數猛增。

據統計，當時死於流感的人，竟達到了驚人的四千萬！而美國統計局則發表聲明稱，在流感中死亡的美軍人數，佔了陣亡的美國人總人數的五分之四。

這種流感竟然能奪走那麼多人的性命，真讓人不寒而慄，它究竟是怎樣產生的呢？

謎底直到六十年後才得以解開。

一九七八年十二月，英國著名的科學雜誌《自然》揭示了一則看起來有點莫名其妙的規律：地球上的感冒流行年，基本就是太陽黑子爆發的高峰年。

人們對此覺得不可思議：人們得流感，還跟太陽扯上關係了？如果太陽能殺人，那人類不遭殃了？

可是《自然》又拿出了一則鐵證：自從人類一七〇〇年開始紀錄太陽黑子的活動後，在三百年的時間裡，地球一共有十二個流感年。在這十二年中，除了一八八九年，其餘十一年都處於太陽黑子的活動高峰期中。

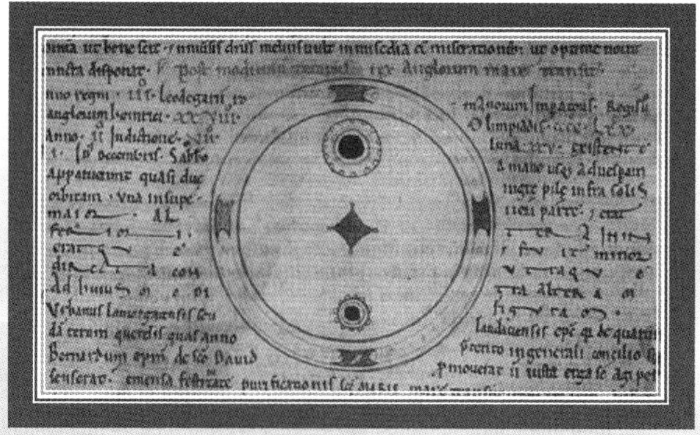

描述太陽黑子的文獻。

雖然證據擺在眼前，可是人們仍舊想不通：為什麼太陽黑子就能引發大規模流感呢？

有科學家對此認為，可能是太陽黑子在爆發時，發射出了擁有巨大能量的紫外線、X射線和其他粒子流，這些射線到達地球只需要八分鐘，而地球上的紫外線輻射卻會驟升到令人瞠目結舌的高度。

強烈的紫外線使感冒病毒發生了變異，由於人體對這種新型的感冒病菌完全沒有免疫力，生命也就岌岌可危了。

此後，科學家又歷數了紫外線的另一宗罪：易使人罹患皮膚癌。

「巧合」的是，人類患上皮膚癌的高峰期也和太陽黑子爆發期相吻合。

經過觀察，科學家得知，只要陽光中的紫外線增加百分之二十的強度，人類得皮膚癌的機率就會增加百分之五十。由此可見，太陽黑子的危害確實很大啊！

太陽與地球一樣，也有內部區域和外部區域，它的內部用來製造能量，而那些光和熱則透過外部的光球層、色球層和日冕發散出來。

太陽黑子就位於色球層上，是太陽活動中最基本也是最明顯的一種行為。

它是怎樣產生的呢？

目前流傳最廣的說法是太陽表面有時會產生一股熾熱氣體的巨大漩渦，由於漩渦的溫度比光球層要低攝氏一千～二千度，所以看起來顏色要暗淡很多，就如同一個個黑斑一樣。

太陽黑子很少會單獨出現，它的活動週期為十一・二年，太陽黑子最多的年份被科學家稱為「太陽活動峰年」，最少的年份則是「太陽活動谷年」。

當太陽黑子處於活躍的年份中時，除了會增加太陽紫外線的輻射外，它還改造了地球的大氣環流，易使地球上產生惡劣天氣，同時它對地球磁場的干擾力也不容小覷，會使無線電信號遭到破壞，讓通訊業大受影響。

【十萬個為什麼】

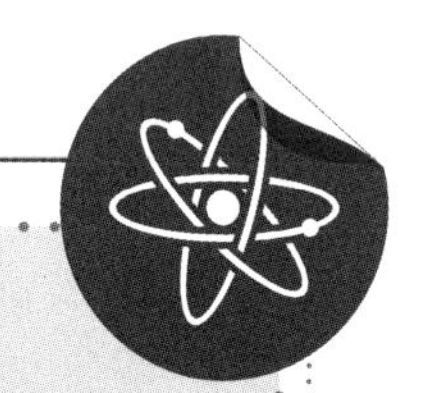

紫外線有什麼作用？

一到夏天，人們就忙著防曬，其實是防紫外線，這是否說明紫外線百無一用呢？

其實凡事都有利弊，紫外線也不例外，它能殺菌，幫助人體合成維生素D，促進人體的骨骼生長、血液更新，並能治療一些皮膚病。

不過人不能照射太長時間的紫外線，因為紫外線會使皮膚老化，形成皺紋、斑點、炎症，甚至引發皮膚癌。

78

帶來好運的硬幣

神奇的分子力

中國有四大佛像石窟，均是世界著名的文化遺產，其中位於河南洛陽的龍門石窟，雖不是最古老，亦非最壯觀、最秀麗的建築群落，卻有著一個特殊的身分。

那就是，它是自北魏以來歷朝皇帝心儀的修築佛像的地方，是一座「皇窟」。既然皇帝都這麼崇拜龍門石窟，普通人對它的仰慕之情更是如滔滔江水綿延不絕了。

在龍門石窟的十萬多尊造像中，有一座是最為著名的，也是最大的，那便是石窟主佛像──盧舍那大佛。

盧舍那佛。

佛經有云，盧舍那佛是釋迦牟尼佛的報身佛，意思為光明之佛，能為人間帶來祥和與安寧。

大佛高十七・一四公尺，當人站於佛像之下時，便會頓生驚惶與敬畏之情，於是叩首、祈禱之舉接連不斷。

後來，逐漸流傳出一個說法：把硬

幣按在大佛的基石上，如果石壁能吸住硬幣，按硬幣的人就能獲得好運氣。人們都希望能得到神靈的庇佑，於是也不管傳言是否準確，就紛紛拿起硬幣，爭先恐後地往基石的石壁上按。雖然大多數人失敗了，但神奇的是，少部分人的硬幣還真被石壁給吸住了！

成功的人非常高興，以為自己真的能擁有好運氣，就不禁大聲感謝佛祖，連連對大佛進行叩拜。那些失敗的人則羨慕地圍觀著，心中仍蠢蠢欲動：也許這是佛祖的暗示，告訴我這陣子確實沒好運氣，沒關係，我下回還要過來，到時再按一次，看佛祖是否能祝福我！

由於往石壁上按硬幣的人實在太多了，政府怕遊人損壞石像，就在大佛前設置了柵欄，阻止遊人上前觸摸石像，按硬幣的行為才逐漸銷聲匿跡。

說到這裡，一定有人不解：石頭真的能吸住硬幣嗎？

難道說這真的是靠了佛祖的「神力」？

其實，硬幣能黏在石壁上，還真的是藉助了一種力，不過不是神力，而是分子力。分子力，顧名思義，就是組成物質的分子的力量。

別看分子個頭小，其力氣可不小，被拉長的彈簧之所以能縮回來，靠的就是分子力；膠布能黏住物體，也是依靠了兩者分子之間的吸引力。所以有些人之所以能成功將硬幣站在石壁上，其實是石壁與硬幣的分子相互吸引的結果，並非真的會帶來任何好運。

科學家發現，分子間有引力，但也有斥力。

分子間引力和斥力隨分子間距離的增大而減小，隨分子間距離的減

小而增大，且斥力減小或增大比引力變化要快些。總之，分子間不能靠得太近，太近會相互排斥；也不能太遠，太遠不會相互作用。

不過既然存在分子力，當兩塊光滑的鐵塊合在一起時，為什麼不會相互吸引呢？這是因為，鐵塊看似光滑，其實細微處是很粗糙的，無法擁有讓分子靠得很近的條件，而盧舍那大佛的石壁則不同了，它的表面被磨得很光滑，這時如果再有一塊表面同樣光滑的硬幣出現，兩者就能相互吸引了。

【十萬個為什麼】

分子力是怎麼產生的？

分子之間之所以有引力產生，是因為發生了電性的吸引，具體的吸引方式可分為以下三種：

一、取向力：兩種分子的電性分布不均，當它們互相靠近時，兩者的電極本著「同性相斥、異性相吸」的原則發生作用，結果產生了力。

二、誘導力：兩種分子的電子雲與原子核互相吸引產生的力。

三、色散力：一種物質的分子裡的電子與原子核分別運動或震動，促使鄰近的分子與之吸引，便是色散力。

第五章

物理學家之趣

借賭消愁的倒楣專家

統計物理學先驅卡爾達諾

在物理學的歷史上，那一個個偉人如同一顆顆明亮的恆星，永遠在人們的心中閃耀著，他們如天神一般散發著威嚴的氣息，讓人們由衷地敬佩和崇拜。然而，在近代以前，科學家們的地位並不高，比如布魯諾，他就因堅持真理而被教會活活燒死；又比如伽利略，儘管他做出了偉大的成就，卻仍受到教會的迫害，被軟禁在家中長達九年。

接下來出場的這位科學家，情況則更是糟糕：不僅成了階下囚，他的家人也都倒盡了楣。雖說人生不如意事十之八九，但竟然都被他佔全了，也頗讓人驚嘆不已。

他就是義大利的數學家、物理學家和醫學家吉羅拉莫．卡爾達諾，也有人稱其為卡爾達諾，且看卡爾達諾究竟有著怎樣的慘澹人生：

一五〇一年：他生於帕維亞，是達文西一位律師朋友的私生子，也許是出身不幸的緣故，他從小就體弱多病。

一五六〇年：他最寵愛的小兒子殺死了出軌的妻子，被判死刑。

一五七〇年：他因為推算耶穌的星盤，被指控褻瀆神靈而入獄，指控者當中竟有他的賭徒兒子，這個兒子還經常偷父親的東西。

此後，他的女兒淪為娼妓，最後死於梅毒。

自己不幸也就算了，沒想到一家老小竟幾乎死絕，唯一活著的還是個逆子，這讓卡爾達諾幾乎要崩潰了。當卡爾達諾出獄後，他的心情只能用「灰暗」來形容。為了消愁，他居然也學起了兒子的不良嗜好——賭博，也許只有在氣氛緊張的賭坊中，他才能獲得一絲解脫。

由於卡爾達諾只是個賭博新手，所以他基本上都在賠錢，很快，他的那點家底就要光了，這讓他漸漸著急起來。

好在科學家畢竟不同於常人，他們喜歡思考和計算，所以在困難面前，卡爾達諾發揮出了應有的聰明才智，使自己擺脫了困境。

他發現，在擲骰子時，如果一個賭徒與莊家打賭，若賭徒連擲一個骰子四次均未出現六點，就算賭徒贏，反之，只要出現了一次六點，就算莊家贏，每逢出現這種賭局時，莊家贏錢的機率是相當大的。

於是，卡爾達諾有了一個疑問：如果同時擲兩個骰子且維持不出現六點，要連續擲多少次是最公平的？

他將自己的問題與其他科學家分享，結果人家都說要擲二十四次，少於這個數字對賭徒有利，多於這個數字則讓莊家獲利了。

對此，卡爾達諾卻不以為然，他認為別人的結論是錯的，便自己做了多次計算，並總結出一套推導機率的公式，終於算出了最公平的數字，即二十五次。不過計算出賭博的機率並沒有讓卡爾達諾發大財，因為他不久後就去世了。他離世後，他所寫的一本關於描述機率學的書——《論賭博遊戲》問世，雖然是從賭博中得出的結論，但此書仍舊受到了許多科學家的重視，被視為人類歷史上的第一部機率論著作。

卡爾達諾的論點使物理學家們在研究分子運動時受到了啟發，從而產生了一門新的物理學分支——統計物理學。

統計物理學是原子能物理學的基礎，它用機率統計之法，將宏觀物體的性質和規律用其內部的粒子來做微觀解釋，是一門以小見大的學科。目前統計物理學的研究對象有：氣體的壓強、溫度、速度、內能等性質，同時使氣體分子的運動規律和能量分配形成了具體且清晰的圖像。

此外，該學科還是液體、固體和等離子體理論的奠基石，並且對於化學、生物學也有著同樣舉足輕重的作用。

【十萬個為什麼】

機率學真的能幫助賭博嗎？

據說會計算的人逢賭必贏，事實果真如此嗎？

其實，如果賭徒的機率學真的很棒，或許他會賺到錢，但有一點很重要，那就是：賭場的設計者同樣是個機率高手，他們在設計賭局時，往往將賭徒贏錢的機率設定為小於百分之五十，而莊家贏的機率則大於百分之五十，如此一來，莊家賺的錢永遠比賭客多，所以除非遇到高人，否則賭場是只賺不虧的。

恐怖的宇宙滅亡論

晚節不保的克勞修斯

無論是星星還是太陽，都不再升起；

到處是一片黑暗，沒有溪流的潺潺聲；

沒有聲音，沒有景色；

沒有冬天的落葉，也沒有春天的嫩芽；

沒有白天，沒有勞動的歡樂；

在那永恆的黑夜裡，只有沒有盡頭的夢境。

這首駭人聽聞的詩是由十九世紀七〇年代的英國詩人斯溫朋寫的，他為什麼要寫出如此恐怖的情景呢？要知道，詩中所描述的場景根本是不存在的。

可是斯溫朋有話要說：「我的作品都是有科學根據的，不是信口雌黃！」

科學根據在哪裡？

原來，就在德國著名的物理學家克勞修

克勞修斯是氣體動理論和熱力學的主要奠基人之一。

斯那裡。

克勞修斯因為熱力學和氣體分子運動論而揚名天下，他制訂出了熱力學第二定律，即：熱不能自動地從較冷的物體轉移到較熱的物體。

因為這則理論，克勞修斯的事業一飛沖天，而人們也開始關注起這顆物理界的新星，並要求他給出更加精確的說法，比如一個能量參數，用來表示熱量的傳遞狀況。

克勞修斯面對著眾人的期盼，下定決心：一定要把那個參數找出來！

經過多番努力，他成功了。

熱力學認為熱能不能自發地轉移，但是人類可以創造條件讓熱傳遞。於是，當一個熱的物體和一個冷的物體相連時，熱量就從前者傳到後者中。

於是，克勞修斯提出了「熵」的概念，他指出，能量在一個空間中分布的越混亂，熵就越大，當能量完全均勻分布時，熵將達到最大值。

熵的發現讓克勞修斯的光芒更加耀眼，大量榮譽湧了過來，可敬的是，剛三十出頭的克勞修斯並沒有驕傲自負，反而以更加勤奮的態度鑽進了氣體分子的世界。

七年後，他解釋了為何氣體擴散速度會小於分子運動速度，讓人們對分子運動論充滿了信心，使這門學科能夠穩固地發展下去。

人們再度為克勞修斯折服，不住地讚嘆道：「天才啊！真是與馬克士威、玻爾茲曼相媲美的天才啊！」

然而，克勞修斯還是不滿足，他人生的最大樂趣就在於取得一個又

一個的科學成就，當熱力論和分子運動論再無可創新之處時，他將目光投向了宇宙。

宇宙是人們尚未深入的一個區域，也是科學史上的冷門，克勞修斯決心要讓自己成為宇宙理論第一人，讓自己在晚年獲得更大的輝煌。

他想，既然一塊熱的物體和一塊冷的物體連在一起，熱傳導後，兩塊物體都難逃冷卻的命運，宇宙豈不是也會如此？

結果，一八六七年，他在德國自然科學家和醫生集會上，竟然發表了一個聳人聽聞的宇宙滅亡論：「宇宙也是有熵存在的，而宇宙若最終達到了這個熵，它就不會再變化了，到時候，一切運動都將靜止，世界末日就會來臨。」

人類最後的審判。

宇宙論看起來「科學」，實則只是個假想，並無根據，儘管它加進了「熵」的係數，也難逃淪為偽科學的命運。

很快，各界人士就對克勞修斯的宇宙滅亡論提出了批評，恩格斯甚至譏笑道：「我想不出能比這更愚蠢的東西了！」

克勞修斯疲於應對，卻又找不出證據來證明自己的理論，只能灰頭土臉地住了口。

本想在晚年讓事業更進一步，沒想到卻成了晚節不保，讓克勞修斯只有嘆氣的份了。

熵是什麼？

儘管它最初是熱力學中的一個參數，但是人們很快將其應用於其他領域，如控制論、機率論、天體物理、生命科學等方面。

在熱力學上，熵指熱量轉化為功的程度；在物理學的其他分支上，則表示體系的混亂程度。

於是，社會學也引用了熵的概念，比喻人類社會某些狀態的程度。

熵最初的概念與熱力學第二定律是分不開的，克勞修斯證明了世上沒有永動機這一類自動傳遞能量的機器，因此熱力學第二定律成為物理學界的基本法則之一。

後來，科學家又根據該定律提出了大名鼎鼎的能量守恆定律，而克勞修斯無疑是一大功臣，瑕不掩瑜，他仍是值得人們尊敬的一位偉大人物。

宇宙會滅亡嗎？

根據能量守恆定理，能量不會無緣無故地消失，所以也許有一天，宇宙會滅亡，但有可能在滅亡之際誕生新的宇宙，從這一點來說，宇宙是不會真正消亡的。

科學家們預測，如今的宇宙中含有百分之九十的暗物質，也就是不會發光不會發熱且會產生斥力的一種物質，它促使如今的宇宙不斷地膨脹，也許有一天，宇宙控制不了這種膨脹，就會發生巨大的變化，屆時一切文明都不復存在，人們苦心孤詣想要留下的東西也不過成為一個個原子和分子而已，遙想未來，不禁讓人無限感慨。

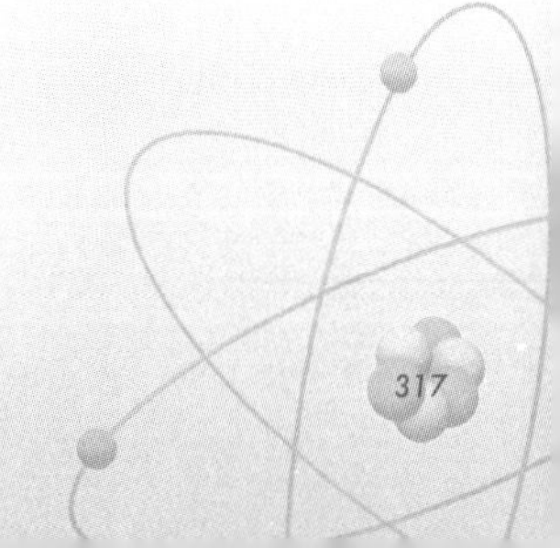

81

物理學史上的災難

牛頓與萊布尼茲的微積分之爭

牛頓，在科學史上是公認的天才，也是公認的高智商低情商之人。

說他高智商，那絕對是名副其實，他在二十六歲之前發現了萬有引力定律、總結了三大運動定律、創建了光學和力學體系、發明了反射望遠鏡，所有這些成就，都讓他在此後的數百年內受到了神一般的對待。

同時，擁有過人計算天賦的牛頓還發現了「流數術」，也就是後來的微積分，不過當時牛頓的主營業務在物理上，所以他並未發表關於流數術的論文，只在英國科學圈中做了簡單地推廣。

豈料，在二十年後，一個叫萊布尼茲的德國哲學家「搶」了牛頓的成果，說自己是第一個發現微積分的人。

其實，萊布尼茲早在一六七五年就發現了微積分，但為了保險起見，他並沒有急於發表，而是又花了幾年的時間進行研究，以便更能說服世人。

萊布尼茲是歷史上少見的通才，被譽為「十七世紀的亞里斯多德」。

當他的微積分發表後，贏得了瑞士的伯努利兄弟的青睞，兄弟倆自發當萊布尼茲的「市場經理」，很快讓微積分傳遍歐洲。

一六九六年，關於微積分的教科書正式出版，萊布尼茲也因此成為一介名流，受人愛戴。

一切看起來很美好，誰知道劇情急轉而下，出現了一位移居英國的馬屁精。

這個馬屁精本是瑞士人，自然對微積分瞭解頗多，他到英國後，為了在當地迅速站穩腳跟，就去接近牛頓，告訴對方：「不得了了！萊布尼茲剽竊了你的理論！」

牛頓大怒，他是一個如此自負的人，很快就認同了剽竊一說，以為萊布尼茲是個心機深重的小人，「潛伏」二十年只為等待出手的那一刻。

其實牛頓心中還有一個遺憾，他沒想到自己信手拈來的算術公式竟然可以讓一個人如此平步青雲，早知如此，當年他就搶先發表「流數術」了，那不又添一項成就嘛！

說到這裡，大家也就明白了，牛頓本人就是個野心家，他對名譽和地位有著強烈的渴望，難怪他終生未婚，姑娘們需要他哄，而科學成果卻能哄得他開心，兩者的地位孰高孰低，還不是明擺著的事！

一七〇四年，牛頓一邊嘆息一邊發表了流數術。

就在他的論文剛發表完，科學界就出現了一篇匿名評論，指責流數術剽竊了微積分。

這下可把牛頓給氣壞了。

牛頓是誰？他是整個歐洲的權威，是集萬千國民寵愛於一身的人物！他要求英國皇家學會立刻解決此事。

於是，皇家學會的成員約翰．凱爾成了第二個馬屁精，他義憤填膺地斥責萊布尼茲是個小偷，由於言詞過激，萊布尼茲無法忍受，要求皇家學會為自己討個公道。

可惜，皇家學會的會長是牛頓，萊布尼茲這個倒楣孩子不是在與虎謀皮嗎？

皇家學會成立了調查組，調查出牛頓是第一個發現微積分的人，牛頓假惺惺地當著旁觀者，暗中卻雇傭槍手攻擊萊布尼茲，直把後者罵得狗血淋頭。

幸好萊布尼茲臉皮厚，說：「我沒說自己首先發現了微積分啊！但是我還是要說句公道話，我真的沒剽竊你的理論！」

牛頓哪肯甘休，把後半輩子的精力都花在和萊布尼茲吵架上了。

由於當時的人們堅稱：科學無國界，科學家卻有國籍，因此牛頓所在的英國就跟德國，甚至整個歐洲大陸槓上了。

英國數學家打著「人爭一口氣，佛爭一炷香」的旗號，拒絕使用微積分，他們在一個多世紀的時間內只肯接受牛頓那套落後的流數術符號和數學觀念，結果導致了惡果：英國的數學研究也跟著落後了一個多世紀。

這場鬧劇直到一八二〇年才告終，英國人終於肯承認他國的數學成就，這才讓自己跟上了國際潮流。

微積分是一種數學概念，英文名的解釋為「計算」，它在誕生之初，

只做為其他學科的分析工具而存在，用於處理無窮小或無窮大的極限過程中出現的計算問題。

其實牛頓設計微積分，只為了讓其充當研究物理力學上的數學工具，而萊布尼茲則相反，他意識到微積分是數學史上的一場革命，著眼於先建立微積分，而後讓其發揮作用。從這一點來說，兩人的出發點不同，也足以證明萊布尼茲的清白了。

【十萬個為什麼】

怎樣才能成為科學理論的發現者？

牛頓與萊布尼茲一場惡戰，不免讓人們心驚：是否以後發表了理論，還要看一看自己是不是第一個發現者，如果不是，會不會再度捲入爭端中？

如今已經沒有這種疑慮了，因為當今學術界規定，誰先發表論文，誰就擁有發現權，而像牛頓那樣將自己的研究一藏就是二十年的，科學界不但不會同情，反而會加以批評。

82

只上過兩年學的大師

自學成才的法拉第

在電磁學上，法拉第是一位舉足輕重的人物。

他創造了很多成就，如發現了電磁感應理論，他還是經典電磁理論的奠基人，名氣不在牛頓之下。

這樣一位天才不由得讓人浮想聯翩：難道他是出生於富貴名門，從小就被數位名師包圍，學盡人間百科，在起跑線上就狂甩普通孩子幾條街的富二代吧？

非也！

法拉第於一八五五年在英國皇家學會做演講。

理想很豐滿，現實很骨感。

法拉第是個苦孩子，他出生於鐵匠之家，與牛頓的家境差不多，當然，身為遺腹子和早產兒的牛頓更艱苦，但同樣也成就驚人。

中國有句古話，叫「窮人的孩子早當家」，法拉第從小就很懂事，幫助父母做農活，當他到了入學年齡後，他也乖乖地遵照父母之命去了學校，並且從不像其他孩子那樣大哭大鬧。

可是隨後法拉第的弟弟妹妹們一個個地出生了，這讓他父母毫無血色的臉上更加慘白如紙。

法拉第的父親身體虛弱，顯然不適合做鐵匠，但為了一家人的生計，他仍舊每日拿著錘子和榔頭，在作坊裡操勞著，任由自己的身子一天天壞下去。

當法拉第讀到二年級時，他已經漸漸明白了父母的難處，因而心中時常覺得愧疚，便萌生了輟學的想法。

恰巧學校的老師極其勢利，他們知道法拉第家裡很窮，就極不待見這個衣服上總是打著補丁的窮小子。

倒楣的是，法拉第有點口吃，這下老師們抓住把柄了，動輒就藉著這個理由對法拉第大打出手。

有一次，老師叫法拉第回答問題，法拉第很緊張地站起來，他怕老師又打他。

「法拉第，著名的科學家牛頓生於哪一年？」老師板著一張臉問他。

「是……是……」其實法拉第知道答案，可是他說話本來就結巴，加上心情緊張，所以一時之間更是答不出來了。

那位老師卻等不了那麼久，他立刻變臉，從講臺上拿起教鞭，一步步靠近可憐的法拉第。

法拉第頓時心頭一緊，他知道又要挨打了。

難道自己總要遭受不公正的待遇嗎？那還不如不讀書了！

法拉第忽然生出了無限的勇氣，他氣憤地對老師說：「你為什麼要打我？你這樣做是錯的！」說完，他收拾起自己的書包，在師生們一片驚奇的目光中甩袖而去。

從此，法拉第就待在家裡，足不出戶，他幫著工作和照顧弟妹，雖然有時候心中會油然生起悲傷之情，覺得自己這輩子都無緣學習了，但也只能聽天由命。

好在後來父親帶全家人去倫敦打工，並讓法拉第去一家訂書鋪當學徒，法拉第的求學之路才又得以繼續。

由於訂書鋪裡全是書，法拉第儘管餓得頭暈眼花，卻仍每天都興奮地睡不著覺。

當時法拉第潦倒成什麼樣了呢？

他母親每週只給他一條長麵包，為了不斷糧，法拉第必須把麵包切成均等的十四小塊，每天只吃兩塊，才能勉強充飢！

在經歷了艱難的歲月之後，法拉第遇到了著名的化學家大衛，並有幸成了對方的徒弟。

在恩師的帶領下，法拉第一步步學會了物理與化學的基礎知識，為以後的成就做好了準備，在往後的歲月裡，一顆百折不撓的科學新星終於頑強地升起！

上帝是公平的，雖然法拉第的童年和少年時光很辛苦，但冥冥之中，上天也為他安排了很多緣分：

☆最有用的一本書──《大英百科全書》，這是法拉第在訂書鋪裡看到的書，書中有關於電學的文章，啟發了法拉第日後研究電磁學。

☆最感激的一個人──恩師大衛，大衛帶著法拉第周遊歐洲，使其見到了許多知名的科學家，然後又帶其回到皇家研究所，在那裡法拉第因發現了氯氣等氣體的液化方法而成為皇家學會會員。

☆最重要的一個人──妻子撒拉，撒拉照顧著法拉第的衣食起居，並無條件地支持法拉第的工作，讓法拉第度過了快樂的一生。

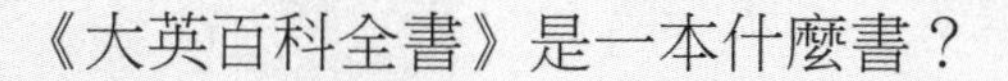

《大英百科全書》是一本什麼書？

該書又名《不列顛百科全書》，是公認世界上最知名最權威的百科全書，也是與美國百科全書、科利爾百科全書齊名的三大百科全書之一。

這套百科全書最早於一七七一年在蘇格蘭愛丁堡出版，撰寫者均為世界各學科領域的知名專家學者，其中包括了不少諾貝爾獎得主，內容則是從古至今人類社會的各項知識的詳細論述，具有為世人所公認的權威性。

從太陽上挖到金子的物理學家

克希荷夫

眾所周知，科學家的智商比常人都要高，他們還擅長做分析和推理，因而能發現很多令人驚奇的現象。

可是，他們中的有些人思維太古板，推理只看步驟不重邏輯，結果推出了很多匪夷所思的結果。

比如惠更斯就說木星上有大麻，還有板有眼地證據確鑿，卻沒有想到連空氣和水都沒有，何來的大麻？

在十九世紀，同樣有一位物理學家鬧出了笑話，但他的邏輯要比惠更斯強一點，起碼人們並不能立即駁斥他的觀點。

這個科學家就是德國的古斯塔夫．羅伯特．克希荷夫。

克希荷夫。

有一天，克希荷夫在大廳裡開講座，由於他的名氣很大，所以來的人很多，甚至還有一些與物理無關的人也來了。

很多名流也來到了現場，大家只是為了藉聽講座之機擴大社交圈，所以還沒落座就相互打起招呼來，結果搞得現場鬧哄哄的，嚴肅的學術氛圍全無。

克希荷夫看在眼裡，卻不動聲色，他繼續發表著演講，但是心裡卻有了主意。

「有一次我在做實驗時，研究了太陽光的光譜。」忽然之間，克希荷夫提高了音量。

所有人被克希荷夫洪亮的聲音鎮住，瞬間噤聲，想聽一聽這位教授接下來想要說什麼。

克希荷夫微微一笑，說：「在這些光譜中，我發現了只有金子才會發射的光譜，因此可以證明，太陽上有金子存在！」

頓時，臺下的聽眾們十分詫異，覺得不可思議：太陽上怎麼會有金子呢？金子是固體啊，會不會被太陽給熔化了呢？

這時，有一位銀行家認為克希荷夫的說法實屬謬論，他在座位上輕蔑地笑道：「就算真的有黃金，如果不能得到它，又有什麼用！」

克希荷夫循聲望去，只見一個蓄著漂亮大鬍子、戴著金絲眼鏡的中年男人正盯著他看，表情中充滿著不屑。

克希荷夫沒有動怒，他走上前，對這位銀行家回敬道：「先生，請記住你今天的話，有一天我會把太陽上的金子拿給你看，到時你就知道你錯了！」

這名銀行家不甘示弱，反唇相譏：「好啊，我拭目以待！」

後來，克希荷夫對光譜繼續展開研究，他從自己製作的光譜儀上發現了元素銫和銣，並因此獲得了科學院授予他的金質獎章。

沒想到克希荷夫是個較真的人，為此他還千方百計找到了那位銀行家，特地拿出獎章來，自豪地說：「你看，這就是我從太陽上得到的金子！」

銀行家想反駁，卻又說不過克希荷夫，只得紅著臉認了錯，此事便成為笑談，讓市民們在茶餘飯後津津樂道。

克希荷夫是一位具有奠基性的人物，他最大的貢獻就是發現了電磁學上的兩個重要理論：克希荷夫電流定律和克希荷夫電壓定律。

克希荷夫電流定律也叫節點電流定律，指電路上的任一節點，在任何時刻流入它的電流之和等於它流出的電流之和。

克希荷夫電壓定律指的是在任一閉合迴路中，各段電阻上的電壓代數和等於電動勢的代數和。

這兩項定律直到今日都是解決電路問題的重要工具，因此克希荷夫又被稱為「電路求解大師」。

此外，他創造了研究熱輻射的克希荷夫定律，讓天體物理學跨入了新階段，普朗克的量子論也是受他的「絕對黑體」概念的啟發才創造出來的。

什麼是絕對黑體？

絕對黑體指一個能吸收任何投射到自己身上的輻射熱的物體，絕對黑體不會發光，也不會反射光和熱，是一種理想狀態下的物體。

目前絕對黑體只能用人工的方式獲得，而宇宙中的黑洞算不算絕對黑體呢？

其實黑洞是不能算的，因為它雖吸收電磁波和光，卻會放出霍金輻射，不是完全沒有輻射的物體。

84

分秒必爭的獨眼巨人

剛體力學鼻祖歐拉

愛迪生說過一句名言：天才是百分之九十九的努力，加上百分之一的靈感。

雖然後來流傳愛迪生還接著說了一句：但那百分之一的靈感是最重要的，不過從中也可看出，努力助人成才的作用。

其實，之所以強調努力很重要，是因為有很多人是不願意下苦功的。

敢問最可怕的是什麼？

是比你聰明的人比你更勤奮。

在物理學界，就有這樣一位勤懇、廢寢忘食的科學家，他似乎早已悟到生命短暫，於是用自己有限的生命譜寫出了一曲豐富而華麗的讚歌。

他，就是萊昂哈德·歐拉，瑞士的數學家、物理學家。

歐拉從小就愛學習，自發形成「贏在起跑線」上的觀念。

十歲之前：他自學連老師都沒讀過的《代數學》。

十三歲：他考入巴塞爾大學，師從名數學家約翰·伯努利。

十六歲：他取得了碩士學位。

十九歲：他開始發表論文。

二十四歲：他來到俄國，並成為了一名物理教授。

三十四歲：他來到柏林科學院，工作了二十五年之久。

也許有人會說，歐拉也不過就是個小小年紀就拿了學位成為教授的神童嘛！有什麼好稀奇的？當大家看到他的以下成就就不會這麼想了。

從十九歲發表第一篇論文，到七十六歲去世，他寫下了八百八十六本書籍和論文，其中數學佔百分之五十八，物理佔百分之二十八，天文佔百分之十一，其他佔百分之三他用五十七年書寫的著作，竟讓彼得堡科學院足足整理了四十七年！

此外，他的頭銜也很多，他是彼得堡科學院教授、柏林科學院創始人、剛體力學和流體力學的奠基者、彈性系統穩定性理論的發起人。

這些成就都是他用數學方法推導出來的，因為他是個數學天才，但若他不肯刻苦鑽研，恐怕日後就不能成為一名集大成的科學家了。

不過，做任何事都是需要付出代價的。

歐拉的視力因為長期讀書而開始下降，二十六歲那年，他得一場重感冒，這場疾病幾乎要了他的性命，儘管他幸運地活了下來，右眼卻越發模糊不清。

著作豐富的歐拉。

歐拉卻不肯休息，繼續從事極易讓眼睛疲勞的地圖學，這導致他三年後，右眼幾乎已經失明了。

後來他去德國工作，視力依舊不斷惡化，弗雷德里克王子在聽說了他的事蹟後，半戲謔半敬佩地稱其為「獨眼巨人」，於是這個名號就在科學圈裡傳開了。

歐拉的記性特別好，他可以全文背誦羅馬最偉大的史詩──《埃涅阿斯紀》，甚至能記住每一頁的第一行和最後一行句子。

他的速度也特別快，在一七七五年，也就是他逝世的八年前，他每週都能完成一篇論文，直到二十世紀，由他創造的書寫論文的紀錄才被數學家保羅·埃爾德什打破。

如此高強度的工作下，歐拉得了白內障，他正常的左眼也逐漸失明了。

儘管如此，歐拉仍是筆耕不輟，在他生命的最後七年裡，他創造出了自己生平一半的著作，實在是速度驚人。

命運之神也許不忍心讓這位學者太過操勞，一七八三年九月的一個晚上，歐拉一邊喝茶一邊逗小孫女玩，忽然，他的菸斗掉在了地上。

歐拉彎下腰去撿，卻抱著頭低聲說：「我死了。」

然後，他停止了呼吸。

歐拉所創立的剛體力學是力學的一個分支，主要研究的是剛體在外力作用下的運動規律。

何為剛體呢？

剛體是指即便受到了任何一種力的作用，其體積和形狀都不會發生改變的物體。

當然，這只是物理學上的一個理想模型，因為不可能有物體在遭遇任何外力時都不發生任何形變，若其形狀維持原樣，只能說明形變的程度太輕，可以忽略不計。

歐拉研究的另一種流體力學，則是指研究流體的力學運動規律的一門學科，而流體則是液體和氣體的總稱，是具有可壓縮性和黏滯性的，當這些屬性可忽略不計時，便出現了另一種理想模型——理想流體。

十萬個為什麼

保羅．埃爾德什創作了多少論文？

保羅．埃爾德什是世界發表論文數第一的數學家，他創作了一千四百七十五篇論文，除了其中與他人合作的五百一十一篇，仍比第二名歐拉要多七十六篇。

他之所以能寫出那麼多作品，是因為一天工作十八、九個鐘頭所致，他的身世極為淒苦，早年受納粹迫害，中年則因與華裔數學家華羅庚通信而被美國的麥卡錫主義者驅逐，但他並未消沉，依舊勤奮，所以擁有了傲人的業績。

85

一場痛徹心扉的感悟

處在事業和愛情得失之間的冷次

冷次，是十九世紀初誕生於愛沙尼亞的一位俄國物理學家，他的頭銜是聖彼德堡科學院的院士，後來又成為該院的校長，所以在歐洲享有一定的名望。

他在物理學上有兩個重要的貢獻：一是證明了焦耳定律，讓焦耳這個飽受質疑的倒楣鬼終於證明了自己的實力；二是發現了冷次定律，這是完全由他發現的電磁學理論，而且對後世也影響深遠。

什麼是冷次定律呢？

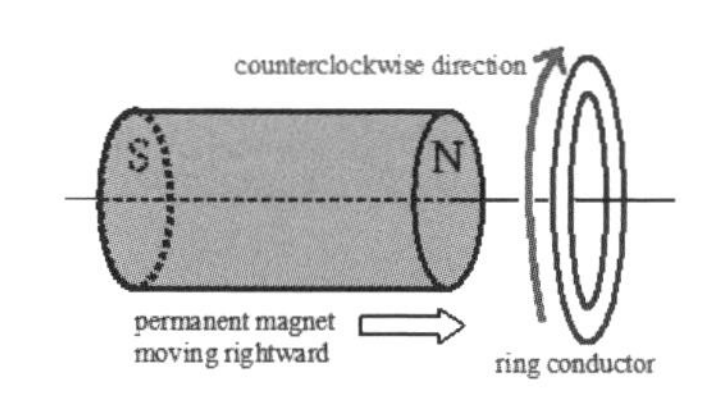

在環圈導體左邊的一塊永久磁鐵，其指北極指向環圈。假若，將磁鐵往環圈方向推進，則從磁鐵往環圈看，感應電流會呈逆時針方向。

在冷次二十多歲的時候，他對電磁感應理論產生了興趣，就一門心思地將精力花在了這個上面。

經過長期試驗，他發現了一個奇怪的現象：每當感應電流的磁通量增大時，總有股力量使其減小，彷彿一個人爬上高山後就開始走下坡路，不能處於一個永遠亢奮的狀態。

冷次隨後又得出結論：是感應電流的磁場引發磁通量的變化的，但

他無法解釋這種現象，因為在他的觀念裡，總認為兩者既然是共生的，就應該同步，怎麼可以相互遏制呢？

在很長的時間裡，他都無法思考透徹，就在事業陷入停滯時期時，愛情卻來到了。

冷次在一次舞會上遇到了一個漂亮的女孩娜塔莎，他對對方一見鍾情，並迅速陷入了愛戀中。

娜塔莎是一個貴族小姐，知書達禮，但是也有著任性的小脾氣。她也喜歡冷次，因此總是引誘他跟自己見面，兩人在一起時有著說不完的話。

愛情之火在冷次心中越燃越旺，有一次，他終於忍不住，當面下跪，對娜塔莎表白了自己的真心。

誰知娜塔莎一臉驚訝地倒退了幾步，用扇子遮住半邊臉，矜持地說：「我不太能接受你這種做法，這讓我感覺難堪。」

冷次很驚訝，以為娜塔莎在拒絕他，於是他心情沉重地回家了，隨後就一言不發地躺在床上，覺得天旋地轉，整個世界都要毀滅了似的。

兩天後，娜塔莎忽然派僕人給冷次送來一封信，邀請冷次去她家做客。

冷次重新燃起了希望，趕緊梳洗一番，然後去見他朝思暮想的女孩。

他們兩個又聊得很愉快，只是這次冷次不敢再造次，他只是禮貌地陪在娜塔莎身邊，希望可以讓對方慢慢接受他。

兩個人的曖昧仍在繼續著。

每當冷次覺得時機成熟，欲向娜塔莎表白時，對方卻總是一副震驚的樣子，讓冷次不知所措。

於是他再度退縮，回歸了「朋友」的身分，而這時，娜塔莎的一雙明亮的眼睛卻又開始深深地投向了他，似乎在等待那令人心醉的話語出現。

時間一長，冷次快要絕望了，他不明白，如果娜塔莎有一點心儀於他，為何要拒絕他的熱切告白，難道她並不喜歡自己嗎？

他感覺心如刀割，決定要斷絕這種關係，於是給娜塔莎寫了一封信，告訴她以後他不會再來找她了。

娜塔莎很快回了信，她的言語有些傷感，但她說她尊重冷次的決定，然後兩個人就真的不再聯繫了。

後來，娜塔莎匆匆結了婚，幾年後，她與冷次偶然重逢，她含著眼淚，終於肯坦白自己的心跡，她告訴他，其實自己一直沒有忘記他，當年她之所以要裝腔作勢地拒絕冷次的求愛，只是由於虛榮心在作祟，她不過想考驗他一下，看他究竟有多愛她。

冷次的眼眶濕潤了，他回家後，心情久久不能平復。

此時，他忽然想起了自己在電磁學上的發現，這才驚覺，原來有種愛叫言不由衷，即便相生相伴，也會走上相反的人生軌跡，因為他們都沒有學會用心去感受。

冷次。

冷次定律闡述了怎樣的現象呢？

冷次得到的最終結果是，感應電流的磁場總會阻礙引起感應電流的磁通量的變化。

這是多麼痛徹心扉的感悟，正如他和娜塔莎的愛情一樣，當他要投入更多時，對方卻羞澀地加以抵擋，造成了進退兩難的局面。

不過，若磁通量減小，磁場就不構成阻礙了，這時磁場與磁通量的方向是一致的。

其實，冷次定律是能量守恆的一種表現，它使得磁場磁通量保持在一個平均的水準，但生活不能如此，否則一直平淡下去，就不能達到目的地了。

【十萬個為什麼】

什麼是磁通量？

假設在磁場中，有一個與磁場方向垂直的平面，則磁場的感應強度與這個平面的面積乘積，就叫做穿過這個平面的磁通量，簡稱磁通。

磁通量越大，則磁場的感應強大也越大，所以這個參數能判斷磁場的強度。

86

他讓世界為之動容

新時代的導師勞倫茲

十九世紀末二十世紀初是物理學上相當重要的一個時期，在這一階段，物理學從經典物理的層面升至量子物理學，而多虧了很多物理學家默默的努力和付出，才讓物理學形成了如此嶄新的局面。

荷蘭的勞倫茲便是其中一人。

他也曾苦惱過：「為什麼我要生在舊時代呢？為什麼我不在新時代開始時才出生呢？」

可是他沒有消沉下去，而是用自己的汗水和成果營造出一個新時代的雛形，並讓無數科學家受益匪淺。

二十三歲那年，勞倫茲任萊頓大學教授，此後他任教了三十五年，不僅桃李滿天下，而且創造出了很多物理學上的貢獻。

四十二歲那年，他的學生塞曼發現了塞曼效應，而勞倫茲也很捧場，他解釋了塞曼的發現，並斷定一切物質的分子中都含有電子，而陰極射線發出的粒子就是電子。師生倆的一唱一和讓電子論很快確立起自身地位，而兩人也因此同時獲得了一九〇二年的諾貝爾物理學獎。

到了二十世紀上半葉，隨著勞倫茲的名字大增，很多還未成名的物

理學家都去拜訪他，希望能獲得一些提點和啟示。

大家都以為勞倫茲是舉世聞名的科學家，必然會態度傲慢，見面之後才發現，原來他非常親和，絲毫不擺架子，而且循循善誘，宛如春日的暖陽，讓人心生敬仰。

於是，青年時代的愛因斯坦、薛定諤在見了勞倫茲一次後，便「欲罷不能」，還想見第二次、第三次……。

他們爭先恐後來到萊頓大學，向勞倫茲討教物理問題，這股風氣對那個年代的青年科學家產生了深深的影響，大家從世界各地前往荷蘭，都以能見到勞倫茲為榮。

難得的是，儘管勞倫茲的見解遠比那些青年人成熟，他卻不倚老賣老地教訓別人，而是很尊重他人的觀點，鼓勵他們繼續深入地研究。

因為勞倫茲認為，物理知識如同浩瀚的宇宙，而人只是渺小的一員，只能用自己的視野看到很小的一方天地，所以任何人都沒有資格去評判別人的思想，因為他自己的觀點就是很狹隘的。

從這點來說，勞倫茲不僅是位科學家，還是位很棒的教育家。

由於勞倫茲，愛因斯坦創立了狹義相對論，後來愛因斯坦在提及前者對自己的影響時，感慨地說：「我這輩子，最感激的就是勞倫茲了！」

一九二八年二月四日，勞倫茲病逝，荷蘭上下舉國哀悼，荷蘭王室和政府、英國皇家學會、普魯士科學院都派代表前往他的墓前哀悼，以拉塞福、愛因斯坦為代表的世界各地的科學家紛紛

愛因斯坦在悼詞中稱勞倫茲是「我們時代最偉大、最高尚的人」。

前來，為世間少了一位如此卓著的偉人而無限悲痛。

勞倫茲的成功源於一篇「關於光的折射與反射」的論文，此文讓他光芒四射，並使萊頓大學於三年後聘其成為大學教授，而在當時，能以二十三歲就榮膺這一席位的物理學家，只有勞倫茲一人。

後來，勞倫茲確立了量子假說和電子論假說，並獲得了一系列殊榮，但他並不滿足，於一九一一年主持了第一屆索爾維會議。

這次會議讓英國和法國明白了量子的概念，最終使量子學成為了二十世紀最新的一門物理學分支，而勞倫茲以其無可辯駁的學識和邏輯成為眾人心中公認的領袖，直到他去世之前，都是物理學界的國際性人物。

【十萬個為什麼】

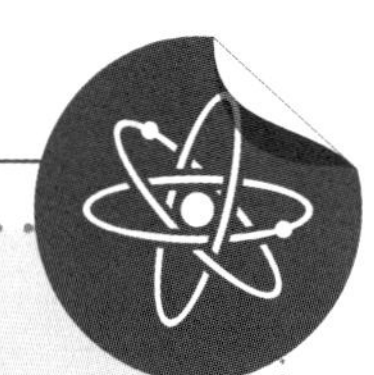

什麼是塞曼效應？

該效應指原子的光譜線在外磁場中出現分裂的現象，這其實是一個論證磁與光關係的效應，證明了光的電磁理論。

什麼是光的電磁理論呢？其實是馬克士威所說的，光是一種電磁波，因而會產生電磁波所具有的傳播、干涉、衍射、散射、偏振等現象。

87

偉大人物也有陰暗面

詆毀交流電的愛迪生

人性是複雜的，即便是知名人士，在享受眾人追捧的同時，也藏著陰暗的一面。

美國科學家、發明家愛迪生就是一個鮮活的例子。

大家都知道愛迪生從小很辛苦，只在學校讀了三個月的書，童年就四處流浪，十二歲那年當報童時還被列車長一巴掌扇聾了一隻耳朵，真是要多淒苦就有多淒苦。

大發明家愛迪生。

貧窮催人奮進，愛迪生非常努力，他勤懇，創造了大量發明，其中的電燈讓他大獲成功，從此人類進入了電器時代。

可是貧窮也有壞處，那就是使愛迪生變得極為自負，他見不得別人成功，更嫉妒別人搶走了他的風頭，結果便有了以下的故事──

一八八八年，美國兩位電氣工程師——特斯拉和威斯汀創造了交流電，並在一些公共場所驗證了其可行性。

很快，媒體注意到了這種新型的電流，並開始連篇累牘地對這個新奇的事物進行介紹。

此舉頓時把愛迪生惹惱了，他感到自己的直流電生意已經岌岌可危，若任由交流電發展下去，只怕早晚有一天，他的電燈生意就要泡湯了。

在當時，愛迪生的直流電發電機只能供一個一公里以內的社區發電，超過這個距離電流就會減弱，因此並不能使人們特別滿意。

為了解決這個問題，愛迪生只好每隔一公里就建一座發電站，可是這樣的話耗資巨大，他又想出一個辦法：將若干台發電機連在一起，以增加發電機的功率。

愛迪生的門洛派克實驗室。

即便如此，用直流電發電依然是一件損耗大量財力的事情，也許在交流電的衝擊下，不用多久就會敗下陣來。

愛迪生不甘心，他建立起一個龐大的實驗室，然後找來一群學生，讓他們去街上捉一些流浪貓和流浪狗來做實驗。

那些可憐的貓狗被捉來以後，愛迪生就當著眾多記者的面將一塊鐵皮板與一台交流電發電機相連，然後將小動物放在了鐵板上。

發電機瞬間發出了一千伏的電壓，貓或狗都沒來得及叫一聲就嚥了氣。

人們非常吃驚，不禁用手捂住嘴巴，面露驚惶之色。

很快，交流電具有可怕致命功能的新聞傳遍小街小巷，民眾們對交流電的抗拒情緒暴漲，一致呼籲取締交流電的生產。

為此，特斯拉和他所屬的威斯汀豪斯公司趕緊採取應對措施，在公眾面前不斷展示交流電的好處。一八九三年一月，九萬多盞交流電燈將整個芝加哥世界博覽會照得一片光亮，足以令所有與會者驚嘆不已。

兩年後，公司又在尼亞加拉大瀑布上建造了世界第一座水力發電站，可將交流電傳輸至距發電站三十五公里外的布法羅市。

愛迪生徹底戰敗，最後連他的通用電氣公司也逐漸接受了交流電，直流電的歷史徹底宣告結束。

交流電，也稱「交變電流」，指隨著時間大小和方向做週期變化的電流。

與之相反的是，直流電的大小和方向是保持恆定的，它是由愛迪生發現的。

交流電比直流電更適合高壓輸電，只需使用一個簡單的升壓變壓器就能使交流電升高至幾十萬伏，所以電力的損耗極小。

不過由於交流電擁有著極高的電壓，且直流電在高壓傳輸上的浪費不及交流電，所以未來的用電趨勢將會是交流電與直流電互相轉換的一種模式。

【十萬個為什麼】

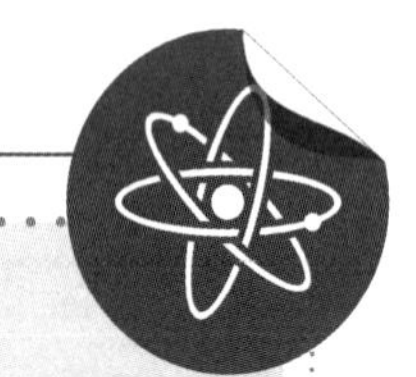

愛迪生發明了多少東西？

其實愛迪生還是很厲害的，他有個雅號叫「妖魔」，意思是他太能幹了，幾乎十幾天就產生一項發明。

在他的一生中，共獲得了一千三百二十八種發明專利，如今的電燈、電影、電報、蓄電池、打字機、壓力錶等都是他的發明。

88

伯樂也有看走眼的時候

自責的昂內斯

昂內斯，荷蘭物理學家，發現超導體的第一人，他也是低溫物理學的奠基者，至二十世紀初，他已經成為物理學界的一代大師了。

昂內斯身為元老，自然也要做一些提拔新秀的工作，他也確實成就了很多青年學者，但唯獨一人讓昂內斯印象深刻，使得他經常自責看走了眼，差點埋沒了一位天才。

這位天才是誰呢？

原來是愛因斯坦。

眾所周知，愛因斯坦是一位絕頂聰明的科學家，他的智慧是超人的，甚至在其死後，他的大腦還被人們取出，做為研究其智慧的根據。

這樣一個與眾不同的人物，為何昂內斯會看不上呢？

一切還得從一九〇〇年說起。

那一年，愛因斯坦剛從蘇黎世工

一九〇四年的愛因斯坦。

業大學畢業，他思想「怪異」，經常提一些別人沒有想過的問題，還總是叫嚷著傳統的觀念是錯誤的，因而頗不受教授們的待見，所以他眼睜睜地看著同窗一個又一個喜氣洋洋地留在了學校，而自己卻只能捲舖蓋走人。

不過愛因斯坦秉著「天生我材必有用」的觀念，從未放棄過自己，他樂呵呵地踏上了自謀生計的路程，卻到處碰壁。

愛因斯坦寫信向萊比錫大學的奧斯特瓦爾德教授自薦，希望對方能提拔自己成為助教，沒想到被對方一口回絕，他不甘心，又轉攻萊頓大學的昂內斯，寫下滿紙的客氣話，請求昂內斯聘請自己當助教。

昂內斯當時雖然缺少一個助教，但他和現今很多用人單位一樣，明顯希望找個有經驗的，因此對愛因斯坦這個剛畢業的應屆生無情地說了再見。

愛因斯坦仍未放棄，成大事者必先苦其心志嘛！

他降低要求，不再往高校裡跑，而是在伯爾尼專利局謀了一個小職員的位置，決心一邊賺錢養活自己，一邊努力鑽研學術。

五年後，二十六歲的愛因斯坦突然來了場大動靜。

他連續發表了五篇重要的論文，其中就包含震驚世界的相對論，而他所發現的光電效應還讓他在後來獲得了諾貝爾物理學獎。

消息傳開後，遠在荷蘭的昂內斯內心久久不能平息，他詫異於愛因斯坦的聰穎，更為自己當初的武斷和傲慢悔恨不已。

一晃六年過去了，一九一一年的秋天，布魯塞爾舉辦了第一屆索爾雅物理學會議，昂內斯終於親眼見到了已十一年未有聯繫的愛因斯坦。

這位名教授竟然羞愧地抬不起頭來，然而他是個成熟的人，必須為自己過去犯下的錯誤做一個了結。

昂內斯慢吞吞地走到愛因斯坦面前，說明了身分之後，他用低沉的聲音說：「對不起，當初拒絕了你的請求，可是現在讓我來做你的助教還差不多！十年前你給我寄的明信片我還留著，將來我要把它公開展示，讓世人看看我當初有多麼糊塗！」

愛因斯坦很詫異，他沒想到昂內斯居然一直記著自己求職的事情，他笑著說：「我從未怪過你，事實上，我還要感激你，要不是你拒絕了我，我就無法擁有五年的平靜時光，你的做法也不賴啊！」

愛因斯坦是一名出生於德國的猶太人，後來加入瑞士國籍，他與前妻米列娃育有兩兒一女，之後又與自己堂姐的表姐結婚，但未再生育。

愛因斯坦年輕時很「叛逆」，總喜歡質疑名家的觀點。

十二歲時，他自學高等數學，然後懷疑歐幾里得的假定。

十六歲時，他開始思考光速的現象，然後懷疑牛頓的經典力學。

由於總是要跟教授們抬槓，大學教授都不喜歡他，但具有諷刺意味的是，當愛因斯坦發現了相對論後，蘇黎世工業大學立刻對他張開了「溫暖的懷抱」，聘其為大學教授。

愛因斯塔是核能開發的奠基人，也是現代物理學的開創者，是可與伽利略、牛頓並駕齊驅的偉人。

一九九九年，美國《時代週刊》就將其評為「世紀偉人」。

【十萬個為什麼】

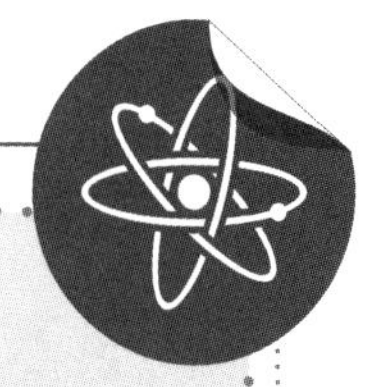

愛因斯坦的大腦有什麼不同？

愛因斯坦死後，他的大腦被美國病理學家湯瑪斯－哈威祕密取出，切成了兩百四十片，據哈威透露，此舉是想研究愛因斯坦如此聰明的原因是什麼。

科學家在二十一世紀初發現，愛因斯坦的大腦儘管比普通人輕，但其頂葉部位擁有比常人更多的褶皺和溝槽，這也許是愛因斯坦智慧高於常人的原因。

89

從戲劇演員到大學教授

無私奉獻的亨利

演員與科學家，似乎八竿子打不到一塊兒，但有時候上帝就是這麼偏愛某些人，喜歡將多種才能彙集於一身。

美國物理學家亨利是美國人心目中的明星，他讓本國的物理學躋身於世界一流水準，不過在年輕時，亨利可能沒有料到自己將來會走上物理學之路。亨利的家世非常一般，他的父親只是個貧窮的車夫，每天忙於生計，根本沒時間照料兒子。亨利只好與鄉下的外祖母住在一起，並一直在鄉村學校讀書。

亨利是個懂事的孩子，他在年紀很小的時候就開始勤工儉學，當地人覺得這孩子很不容易，就容許他四處玩耍。

十歲那年，亨利進入了鄉村教堂的藏書室，他驚奇地發現那裡有大量的小說和戲劇腳本，便津津有味地看了起來。

這一看不打緊，他從此就喜歡上了文學，他將看過的故事記在腦子裡，一到晚上便講給其他人聽。時間一久，大家都養成了一個習慣：每天晚上搬著板凳來到亨利打工的商店門口，聽亨利繪聲繪影地講故事。

四年後，父親離世，亨利回到城鎮。由於家境貧寒，他不得不輟學，參加一個戲劇表演團。雖然不能繼續上學，亨利心中還是歡喜的，因為他可以和喜愛的戲劇整日為伍了。

少年亨利長相英俊，身材頎長，再加上歌喉美妙、舞姿婀娜，一經演出便迅速成為偶像，擄獲了多少癡情少女的心。後來有人還感慨地說：「要不是亨利轉而研究了科學，他一定會是一位戲劇明星的！」

不過，十八歲那年，亨利接觸到了一本英格蘭的科普讀物，名為《經驗哲學、天文學、化學普通講義》，他瞬間被吸引，津津有味地讀了起來。書中的很多科學問題都深深地攫住了亨利的心，他發現，其實自己一直對自然界充滿了好奇。為什麼扔出的石子會落地？為什麼蠟燭倒立時火焰不落到地板上？為什麼人在水邊時，身影會映在水面上？

有太多太多問題需要解答了！

亨利非常興奮，他一口氣將這本書讀完，忽然頓悟：這才是真愛呀！

想明白的亨利立刻辭去了在劇團的工作，將餘生都奉獻給了科學事業。多年後，亨利仍感激那本書對自己造成的影響，他說：「沒有它，也就沒有如今的我，這是一種奇特的緣分，早在冥冥之中便已由上天註定。」

後來，亨利透過自學成為了奧爾巴尼亞學院的超齡學生，這說明：只要有心，一切都不會太晚。

當時亨利已經二十二歲，畢業後二十五歲，比牛頓、歐拉之類的天才的起點要落後了一大截，但二十九歲時，亨利還是以優異的表現成為了物理學和數學教授，這又說明：天才的光芒是壓抑不住的。

亨利的科學生涯分為兩個階段，第一個階段是他在奧爾巴尼亞和新澤西學院時期，當時他主要研究的是電磁學方面的技術；第二個階段則在華盛頓，他將重心放在了科學研究組織上。

這個時候，曾經當過戲劇演員的好處就出來了，由於有著出色的領導力和組織力，亨利成為了整個美國物理學界的核心，而他的工作還改變了當時科學中心在歐洲的狀況，讓美國得以成為接替歐洲的科學大國。

【十萬個為什麼】

美國有哪些擁有演員和科學家身分的人？

娜塔莉·波特曼：她憑藉《黑天鵝》成為奧斯卡影后，但她同時也是一位神經學科學家。

海蒂·拉瑪：有「好萊塢最美麗女性」之稱，她同時還造出了一種可以變頻的魚雷。

丹尼卡·麥凱拉：出演過《純真年代》、《白宮風雲》的女演員，同時是一名數學家，並著有多部數學類的暢銷書。

馬伊姆·拜力克：飾演《生活大爆炸》中謝爾敦的神經生物學女友艾米，而在生活中，她也是一位神經生物學科學家。

90

海王星的發現

相互謙讓的勒威耶和亞當斯

在十七世紀下半葉，歐洲科學界發生了一起曠日持久的學術爭奪戰，那就是牛頓與萊布尼茲的微積分之爭。

這場爭辯讓牛頓花費了半生精力去與萊布尼茲鬥智鬥勇，還逼得英國和歐洲大陸結下了一百多年的仇恨，可謂聲勢浩大。

以上事例是否就說明：科學競爭很激烈呢？

其實並非總是如此，也有一些科學家懂得謙讓之道，所以他們流傳下來的故事就非常溫馨。

一七八一年，繞日行星之一的天王星被人們發現，至此太陽系的半徑被擴展到了二十八·六九億公里。

隨後，科學家發現了一個奇怪的現象：天王星照理說該按照天體力學的運動軌道運轉，可是它的軌跡總會出現偏差，就好像一個淘氣的孩子，總是會故意跳出大人的掌控似的。

由於觀測技術有限，人們拿著望遠鏡在空中找來找去，卻毫無任何發現。

所以在五十年後，當一位叫哈塞伊的天文學愛好者提出天王星附近

有一顆行星在影響天王星的軌道的假說後，英國皇家天文協會立刻對此嗤之以鼻。

海王星的發現者之一亞當斯。

不過，這種假設倒是打動了一些科學家的心，他們想來想去，覺得新行星產生作用力的說法比較可靠，因此萌生出尋找天王星以外行星的念頭。

沒本事製造高倍數望遠鏡的，就採用數學法推算新行星的位置。

此時，一位二十七歲的劍橋大學學生開始研究起這顆未知行星，他就是Ｊ·Ｃ·亞當斯。

亞當斯利用課餘時間進行推算，他其實心裡也沒底，因為並不知道自己的結論是否正確。

一八四五年九月，他終於把未知行星的所在位置算了出來，於是既緊張又期待地將自己的研究資料寄給了英國天文臺，期待能引發天文學家們的關注。

亞當斯不知道，當他的資料送達到目的地後，拆信的科學家首先對著信大大嘲笑了一通，不僅如此，他還將信遞給其他人看，結果大家都覺得亞當斯滿嘴胡話、荒謬至極。

到了第二年，另一個不死心的傢伙——法國天文學家勒威耶也開始用資料去證明未知行星的存在，結果他成功了。

與亞當斯一樣，他也計算出了新行星的精確位置，接下來只要能觀測到那顆行星在天空中的圖像就可以了。

比亞當斯幸運的是，勒威耶是一個有貴人相助的人。

他找來了天文學家伽勒幫自己觀測未知行星，而後者也不負眾望，在一個繁星璀璨的晴朗夜晚找到了一顆從未被標示過的八等星！

這次搜尋只用了一個鐘頭，可是帶給勒威耶的喜悅卻是經年累月的。

很快，勒威耶將自己的發現公開，頓時震驚了全世界。

這時，英國天文學家才突然想起來：那個叫亞當斯的傢伙當年不是給過我一模一樣的結論嘛！

就這樣，勒威耶才知道亞當斯比自己提前一年發現了海王星，他雖然有點沮喪，卻仍舊大度地說：「雖然沒有第一個發現海王星，但我仍祝福亞當斯！」

誰知，亞當斯開始搖頭：「我的計算不夠準確，也沒有找到海王星，海王星的發現者就是你！」

兩個人便推來推去，誰也不願當發現海王星的第一人，最後，人們為了公平起見，把榮譽同時給了亞當斯和勒威耶。而兩人的謙讓事蹟也令人由衷讚嘆，成為流傳千古的佳話之一。

海王星，是太陽系的八大行星之一，離太陽最遠，達到了約四十四．五～四十五．五億公里的距離，它是唯一一顆經過計算而被證明存在的行星。

這顆行星呈現出美麗的藍色，因為它的大氣中富含甲烷，由於是太陽系最外緣的一顆行星，它的溫度極低，只有負二百一十八°C。

海王星比天王星的體積要小，那為何它會對對方產生如此大的作用力呢？

這是因為它的密度很大，為地球的十七倍，質量遠超過天王星。如此「重量級」的人物在側，豈有不受影響之理？

【十萬個為什麼】

冥王星為何不再是行星？

一直以來，「九大行星」的說法深入人心，冥王星是太陽系最遠的一顆行星，這一點似乎沒有人生疑。

但在二〇〇六年八月二十四日，科學界突然將其命名為「矮行星」，從此將其從行星界剔除，這是為什麼呢？

原來，做為行星需符合三大概念：一、繞恆星運轉；二、自身是圓球狀；三、其軌道附近沒有其他物體。

然而，冥王星自身是橢圓狀，且軌道與海王星有交集，只符合了第一點，所以不能再歸入行星之列。

91 一百年前的驚人預言「隱者」卡文迪許

歷史上曾出現過很多隱者，他們曾熱衷名利，孰料天意弄人，抱負始終未能實現，於是在極度失望之下，萌生退意，過起了隱居山林鄉野的生活。然而，這世上還有一部分人，他們是真正地視名利如糞土，即便自己成就驚人，也不屑拿來聲張。

英國的物理學家、化學家亨利·卡文迪許就是其中一例。

在金錢方面，卡文迪許屬於那種坐擁金山卻不懂享受的人。

他是個富二代，祖上積德，給他留下了一大筆財富，可是他竟然對金錢一點概念也沒有，既沒有穿得富貴時髦，讓自己表現得像個「體面人」，又不肯結婚，到頭來連個繼承家業的子孫都沒有。

亨利·卡文迪許肖像畫。

有一次，他的一位僕人生了病，顫顫巍巍地走過來向他借錢。卡文迪許甚至連對方生了什麼病都沒問，就立刻開了一張一萬英鎊的支票給僕人，還關切地問對方夠不夠用。

也許你要說，此人就是個敗家子，不懂

得管理家財，然而接下來的事情會令所有人肅然起敬。

卡文迪許出生於法國，後來成為英國皇家學會的外國會員，從而可知，此人絕非等閒之輩。但奇怪的是，他在生前發表的論文很少，甚至當一位奧地利科學家當面恭維他時，他竟倉促地跳上馬車，飛也似的逃回家中。

他真的沒有才能，以致於不能承受一點點讚揚嗎？

一八一〇年，卡文迪許離開了人世，留給世間的是二十捆實驗筆記。他的姪子將這些遺物放進了書櫥，然後再也沒動過它們。

七十年後，卡文迪許實驗室開始動工，負責修建工作的電磁學大師馬克士威有幸讀到了卡文迪許的筆記本，不由得大吃一驚。

他無限感慨地說：「卡文迪許是個偉大的天才啊！他把電學上所有偉大的理論都給預料到了！」

在驚嘆的同時，馬克士威也在暗暗惋惜：如果卡文迪許在有生之年將自己的研究公布出來，將會帶來多大的榮譽啊！

出於對這位前輩的敬意，馬克士威暫時將自己的課題放在一邊，轉而整理起卡文迪許的書稿，而卡文迪許這位在生前默默無聞的科學家，終於在一百年後獲得了自己應有的讚許。

卡文迪許之所以會成為「隱者」，跟他的性格有關。

他性格孤僻，不愛與外界來往，而且他也不喜歡被誇讚或是被評論，這對他來說，簡直是受刑。

不過，隱密的生活絲毫不能折損卡文迪許的貢獻，他一生的偉大成就有：

一、發現了氫氣，製得了純氧，並算出空氣中氧氣和氮氣的含量，同時證明水是一種化合物，因而被譽為「化學界中的牛頓」；

二、他發現電荷只聚集在導體的表面，因為電流的引力和斥力反比於電荷間距離的平方。

三、他早於庫侖實現了測量萬有引力的扭秤實驗，致使該實驗被稱做「卡文迪許實驗」。

四、他的一部分遺產貢獻給了劍橋大學，建成如今聞名遐邇的卡文迪許實驗室。

十萬個為什麼

卡文迪許實驗室的作用是什麼？

該實驗室一八七一年建成，是由亨利·卡文迪許的晚輩德文郡八世公爵S·C·卡文迪許捐贈的，最初實驗室只是單純的物理系教學樓，後來逐漸擴展成一個大的科學研究與教育中心。

卡文迪許實驗室的特色在於，內部的重要設備都是自製的，而且已經培養出二十六位諾貝爾獎得主，很多偉大的物理學家，如馬克士威、瑞利、湯姆遜、拉塞福等都曾是實驗室的領導人。

92 他是所有人的噩夢

「毒舌」包立

很多人都認為，天才具有極高的智商和極低的情商，所以人們就打造出了如《The Big Bang Theory》之類的劇集，以此來顯示上帝是公平的。

事實上，也確實有一些科學家徹頭徹尾地貫徹了這種公平原則，而出生於二十世紀初的奧地利物理學家沃爾夫岡·包立更是一位極品人士，說出來的話絕對能噎死人。

包立為人有五大特點：一、說話難聽；二、偏偏還愛說話；三、不懂得察言觀色；四、非常喜歡挑剔；五、別人沒毛病他也要挑出毛病來。

總而言之，他完美地詮釋了什麼叫智商滿分情商負分，導致人們對他未見傾心，一見傷心，再見噁心。

二十一歲那年，包立發表了一篇論文，總結了愛因斯坦三年前發表的廣義相對論，令人們驚嘆不已。

「毒舌」包立。

要知道，當時愛因斯坦已經四十二歲了，而世人仍覺得他的相對論晦澀難懂，包立卻能以小小年紀理解廣義相對論，並提出自己獨到的見解，足以證明他的過人之處。

可是包立卻忘了在發表高見的同時，也要學會謙虛。

在一次國際研討會上，包立終於見到令他一舉成名的愛因斯坦，大家都以為他會對後者表達些許尊敬。

哪知當愛因斯坦演講完，包立脫口而出的居然是：「我覺得愛因斯坦並非是完全愚蠢的！」

相較之下，愛因斯坦卻對這個小自己二十一歲的青年讚賞有加：「他對物理具有深刻的洞察力、熟練的數學推導力、清晰的評判和表述能力，可以讓任何一個人都羨慕不已。」

由於包立說不出好話，大家都盡量避免跟他在一起，然而有一些國際性的學術會議躲不過去，人們也只能祈求別讓包立注意到自己。

一次，義大利物理學家塞格雷來到包立所在的學校發表報告，當他意氣風發地講完後，包立馬上評論道：「這是我聽過的最糟糕的報告。」

塞格雷後來發現了反質子，是原子能物理學界的一位大功臣。也許是為了息事寧人，這個科學家一聲不吭，竟然容忍了包立的刻薄言語。

包立見一拳下去對手毫無反應，不禁覺得無趣，他馬上又掉轉槍頭，對準了瑞士物理學家布瑞斯徹：「如果讓你來做報告，我看情況會更加糟糕，不過你上次在蘇黎世的報告除外。」

各位看官不要以為包立是因為文人相輕，才會格外對有名的科學家看不順眼的，事實上，他在生活上也總是言詞犀利，讓人一聽就怒火萬

丈。

包立是個路癡，有一次他想去一個地方又不認識路，便詢問一個同事。

第二天，同事記起此事，就問包立有沒有順利到達目的地，誰知包立居然拋給他一個輕蔑的冷笑：「在物理以外的領域，你的思路還算是清晰的。」

後來連他的學生也不敢向他請教問題了，因為包立會說：「你寫的是什麼東西？連錯誤也算不上！」

包立屬於那一種人，他們思維敏捷，且寬容心小得可憐，能迅速從他人的言行中挑出一星半點的毛病，然後做放大處理。

這就導致其他人跟包立在一起的時候會很累，因為擔心受指責，便會精神緊張，而一緊張就容易出錯，所以與包立同行是有很大風險的——你越不想做錯事情，就越會做錯，這種現象甚至成為物理學界有名的「包立效應」。

當包立死後，人們對他的戲謔也沒有停止，有一則笑話說包立去見上帝時，連後者也戰戰兢兢，上帝將自己規劃世界的方案給包立看，孰料包立卻譏笑道：「祢本來可以做得更好些……」

儘管性格非常不完善，包立對物理學的貢獻還是眾人皆知的，甚至連帶著他的缺點也可愛起來，被人們稱為「物理學的良知」。

十八歲時，包立就初露鋒芒，他發表了自己的第一篇論文，論證了引力現場中能量分量的狀況，第二年，他就開始發揮自己愛挑剔的本事，批判物理學家韋耳在引力論裡的一個錯誤。

二十五歲那年，包立發現了包立不相容原理，這是他一生中最重要的成就，讓他成為原子物理學的奠基人之一，並在二十年後讓他獲得了諾貝爾物理學獎的殊榮。

【十萬個為什麼】

什麼是包立不相容原理？

這是針對微觀粒子的一條基本規律，它闡述了這樣的道理：不能有兩個或兩個以上的粒子處於完全相同的狀態。

所以在原子中，不可能有兩個或兩個以上的電子能量完全一樣，即導致核外電子的軌道總是按能量的由低到高排列，能量最高的電子，距離原子核最遠，但各個電子的自旋方向是一致的。

93

幸運女神的寵兒

在洪水中出生的塞曼

世界上海拔最低的陸地在哪裡？答案為死海，海拔為負四百一十六公尺。

那麼，世界上海拔最低的國家是哪一國呢？答案居然是荷蘭。

荷蘭素有「低地之國」的稱號，該國靠近北海，湖沼眾多，全境有百分之四十的土地低於海平面，百分之二十五的土地僅比海面高出不到一公尺，所以極容易發生洪澇災害。

由於土地珍貴，荷蘭人一度圍海造田，但又怕低窪的地勢遭受海水的侵襲，就在沿海築起了一千八百多公里的海堤，可惜依然不能高枕無憂，災難隨時都可能發生。

一八六五年五月的一天，海堤在海浪長年累月的攻擊下終於被撞開了一個口缺，接著，洶湧的波濤如餓狼一般，向著城鎮和村莊撲去。

人們連財物都來不及收拾就爭相逃命，由於及時撤退，還算沒什麼大礙。

可是城裡一個孕婦就沒那麼幸運了，她即將臨盆，她的家人來不及帶走她，就將她一個人扔在了一條既無舵又無槳的小船上。

可憐的孕婦在巨浪中痛苦地哀嚎，她又恐懼又無助，害怕木船被浪頭掀翻，讓自己未出生的孩子還沒見到這個世界就喪了命。

當船漂流到一個叫佐尼馬麗的地方時，洪水中的一根粗大的木頭正好沖過來，狠狠地撞擊了一下船身，結果孕婦受此驚嚇，竟然一下子將孩子生了出來！

在惡浪滔天的險惡環境中，這個小嬰兒竟然頑強地活了下來，他的母親緊緊擁抱著他，淚流滿面地感謝上蒼對他們母子的眷顧，並將孩子取名為塞曼，發誓一定要拼盡全力將孩子拉拔長大。

中國有句古話：大難不死必有後福，誰都沒有想到，這名在洪水中出生的小嬰兒日後居然成了一位大名鼎鼎的物理學家！

日子一天天過去，塞曼也一天天地長大。

塞曼的母親希望兒子能早日成才，於是對塞曼嚴加管教，可惜塞曼並不能讓母親放心，儘管他天資聰穎，卻一直未能將心思真正放在學習上。

當塞曼中學畢業後，他考取了萊頓大學，這是歐洲最有聲望的大學之一，與荷蘭王室素有淵源，曾一度排名為世界名校的第四位。

在如此優越的氛圍中學習，塞曼卻不知珍惜，他癡迷於大城市的燈紅酒綠，整天蹺課去吃喝玩樂，幾乎已經完全放棄了學業。

塞曼。

在他入學第一年的期末考試中，塞曼的物理竟然拿了個不及格！

母親辛酸不已，嘆息道：「兒子，你真是辜負了上帝對你的期望啊！」

她哽咽著，將塞曼出生時的情景一五一十地說給兒子聽，講到動情處，更是不禁潸然淚下。

塞曼非常驚訝，他不知道原來自己的出生會讓母親蒙受如此大的痛楚。

他的眼眶也濕潤了，心中暗下決心，一定要努力讀書，不再辜負母親的期望。

後來，他的成績漸漸好起來，又在畢業後留在了母校，成為著名物理學家勞侖茲的助手和學生。

一八九五年，他發現了塞曼效應，從而在物理學界一鳴驚人，更與恩師一起獲得了一九〇二年的諾貝爾物理學獎。

在此後的日子裡，他始終沒有忘記母親的訓誡，勤懇地開拓進取，終於創造出了許多偉大的成就。

其實塞曼效應的發現頗有一番曲折，在一八九六年，即塞曼回到萊頓大學擔任講師的一年後，塞曼並沒有聽勞侖茲的命令，他執拗地用實驗室的設備觀察了強磁場作用下光譜的分離現象。

由於「不聽話」，塞曼被學校開除，好在後來他的發現被證實是極其重要的，因而在第三年又被邀請到阿姆斯特丹大學擔任了講師，並在後來升職為教授。

現今人們知道，塞曼效應有助於探索原子結構，而且它還是包立原理、量子力學、電子自旋現象的基礎理論，此外它對很多事情的瞭解都有促進意義。

十萬個為什麼

為什麼荷蘭的地勢會如此低窪？

荷蘭自十三世紀以來就開始圍海造田，使得全國增加了五分之一的陸地面積，然而圍墾的陸地海拔不高，極易被洪水侵蝕。

此外，荷蘭境內有萊茵河和馬斯河流過，而在西北瀕海處還有一個艾瑟爾湖，南部又是三角洲，發揮不了阻截海水的作用。

最後一個原因，是荷蘭境內湖沼太多，而最高處也僅為一些丘陵，所以只能依靠海堤來防衛洪水的衝擊。

94

敢與老師作對的頑皮學生

叛逆的玻爾

科學家給人的感覺總是很死板的，似乎一言一行都打上了「一絲不苟」的標籤，但也有例外的時候。

有些人生性活潑，即便當上了科學家，也要不時展露一下桀驁的本質，比如玻爾，他就曾經因為太愛跟老師作對，而差點得了零分。

這是怎麼回事呢？

原來，在玻爾讀大學的時候，有一回期末考試，他在考物理的時候與物理老師爭辯了起來，結果惹得老師勃然大怒，當場決定要請玻爾吃「鴨蛋」。

玻爾不服氣，據理力爭，沒想到老師居然說不過這個頑皮的學生，就只好向自己的同事歐尼斯特·拉塞福打電話求助，請求對方給予一個評判。

拉塞福是諾貝爾獎得主，在學術方面非常權威，「鎮住」玻爾這種頑劣學生應該是沒有問題的。

不過，拉塞福是一位充滿慈愛光芒的優秀教育家，他覺得與其嚴厲訓斥玻爾，不如說服對方，讓對方從此能虛心學習，這才是為人師表的意義。

於是，他火速趕到現場，發現玻爾正與物理老師怒目對峙。

拉塞福覺得有點好笑，他連忙壓抑住嘴角的笑容，拿過試卷仔細查看。

其實這場考試只有一道題目：怎樣用氣壓計測量一棟大樓的高度？

玻爾給出的答案是：在樓頂上將氣壓計用長繩繫住，然後放下繩子，讓氣壓計垂直到達地面，再將繩子提上來，測量一下放下去的繩子的長度即可。

拉塞福哭笑不得，看來這名叫玻爾的學生硬生生將一道物理題答成了腦筋急轉彎。

世間本無標準答案，玻爾的回答確實能得滿分，可是他明知這是一道物理題目，卻故意不採用物理知識去解答，這讓拉塞福有些為難。

拉塞福決定再給玻爾一次機會，就讓對方用六分鐘的時間寫出正確答案。

玻爾同意了。

時間一分一秒地過去，轉眼就五分鐘過去了，玻爾居然什麼都沒寫。

拉塞福暗自替玻爾著急，便問：「你為什麼不寫答案呢？」

誰知玻爾咧開嘴嘻嘻一笑：「答案太多了，我不知道選哪個好。」

這一下，拉塞福有點吃驚了，他表示抱歉，並請玻爾繼續思考。

在最後一分鐘，玻爾給出了用自由落體計算大樓高度的答案。

這個回答依舊讓氣壓計處於無用狀態，因為即便不是氣壓計，換成

其他任何一件重物，樓的高度也能被算出來。

好在玻爾的物理老師這次給了一百分，玻爾得意地對著老師們一笑，然後趾高氣揚地走出了辦公室。

拉塞福忽然想起玻爾說過還有好幾種答案，就追上對方，問：「你能告訴我其他答案是什麼嗎？」

玻爾捂嘴一笑，說：「測量出氣壓計的高度和其陰影的長度，再測出大樓陰影的長度，就能透過比例算出樓高了。」

拉塞福還是不滿足，又問：「還有嗎？」

玻爾嘴角依然帶著壞笑，答道：「用氣壓計做尺，去量大樓，或者把氣壓計繫在繩子的一端，讓它像鐘擺一樣擺動，這樣就能測出它在樓頂和地面的重力加速度與擺動週期，兩個數值分別能算出大樓的高度。」

拉塞福越來越驚奇，也越發覺得玻爾有著異於常人的活躍思維，他饒有興趣地問：「還有別的嗎？」

玻爾頑皮地給出一個笑臉，說：「我去找大樓看門人，對他說：『我這裡有一個很棒的氣壓計，如果你告訴我這棟大樓有多高，我就把氣壓計送給你！』。」

拉塞福被玻爾的話逗得前仰後合，他說：「你這麼聰明，我不信你不知道標準答案。」

這時，玻爾才說了實話：「我當然知道，只是從小到大，老師們只會教我們尋找固定答案，難道我們就不能有其他想法嗎？這讓我覺得很奇怪。」

此番談話對拉塞福啟示頗多，從此他改進了教學方法，給予學生們更多的思考空間，而玻爾也一直沒有放棄獨立思考的機會，後來他成了一名大物理學家，並獲得了諾貝爾物理學獎。

玻爾從小就不愛走尋常路，他年輕時愛好足球，常在研究物理的時候踢足球，或踢足球的時候在物理學裡神遊。

正是由於擁有靈活的頭腦，他才能獲得一系列令人矚目的成就：

一九〇七年，他因發表水的表面張力論文而獲得丹麥皇家科學院金質獎章。

一九〇九年和一九一一年，他以討論金屬電子論的論文分別獲得哥本哈根大學碩士和博士學位。

一九一二年，他將普朗克的量子說和拉塞福的原子核概念相結合，並於次年創造了原子結構模型的假說。

一九二一年，他詮釋了元素週期表的形成，還預言了第七十二號元素的性質。

一九二二年，第七十二號元素被發現，同年他獲得諾貝爾獎。

一九三〇年，他提出了原子核的液滴模型，解釋了重核裂變現象。

一九四四年，他在美國參與研發原子彈。

值得一提的是，玻爾與拉塞福一見如故，兩人親密合作，從此結下了深刻的合作關係和師生情誼。

【十萬個為什麼】

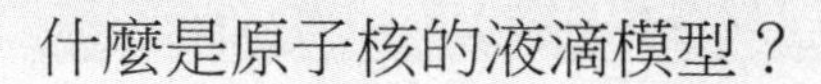

什麼是原子核的液滴模型？

在一個原子中，玻爾將原子核視為一個帶電荷的液滴，然後根據理想液滴的運動規律來解釋原子核的運動。

後來，組成原子核的質子和中子也可被稱是兩種不同的液滴，這樣就能推導出這些粒子各自的運動軌跡。

95

人生的三個導師

有貴人緣的馬克士威

中國古話有云：一日為師，終生為父。

雖然此話在現今看來，有些不合時宜了，因為老師們太多了，但在現代以前，倒也頗令人感動，因為它展現了一種尊師敬道的傳統美德。

在物理學界，有很多令人可歌可泣的師生故事，年輕學者的進步離不開長者的提攜，正是一代一代地傳承，讓物理學能夠發揚光大。

對經典電磁學的奠基人馬克士威來說，有三個人是他人生路上的重要導師。

第一個是劍橋大學的數學教授霍普金斯。

兩人相識的情景相當富有戲劇性，簡直可以拍成老套的電視劇了。

有一天，霍普金斯去圖書館借一本數學著作，誰知圖書管理員抱歉地告訴他：「教授，書剛被一位學生借走了。」

霍普金斯頓時來了興趣。

馬克士威夫婦在一八六九年的合影。

因為他想借的書非常艱澀難懂，沒想到居然有學生能看得懂，霍普金斯心中不禁產生了惺惺相惜之情。

他立刻問了馬克士威的名字和住址，然後專程跑到後者的寢室去打招呼。當時馬克士威仍在埋頭記筆記，連宿舍髒得如垃圾場一樣也不管，讓霍普金斯哭笑不得。

教授苦口婆心地勸道：「年輕人，一屋不掃，何以掃天下啊！想做一個優秀的物理學家，就要從小事做起。」

馬克士威並非桀驁之人，他聽從了霍普金斯的話，於是兩人從此確定了師生關係，霍普金斯開始對這位聰明的學生悉心培養起來。

後來，霍普金斯將馬克士威推薦到學校的優等班中學習，讓馬克士威在三年以內成為了一個世界頂級的青年數學家。

多年後，霍普金斯在談論起馬克士威時，仍掩飾不住內心的得意之情：「他是我所有學生中最優秀的一個！」

第二個導師是大物理學家法拉第，他成就了馬克士威的後半生，算是一個貴人了。

法拉第創立了電磁學上的很多經典理論，馬克士威正是根據前者的論點整理了電磁學的框架，才形成了這一物理學的分支，就在別人稱讚他是「電學上的牛頓」時，他卻對法拉第大加讚賞，稱其為「物理上的牛頓」。

兩人的相識同樣源於一本書，那就是法拉第所寫的《電學實驗研究》。

這次換成了馬克士威去拜訪法拉第。

在一個陽光明媚的春日，馬克士威來到了法拉第的門前，雖然他們已經通了四年的信，但這見面還是頭一回。

馬克士威很緊張，他知道法拉第是僅次於牛頓的名人，且年齡大自己四十歲，是一位德高望重的長輩，因而充滿了侷促感。

「吱呀」一聲，門開了。

一位頭髮花白的老人微笑著探出頭來，請馬克士威進屋。

馬克士威暗自敬佩法拉第的隨和，小心翼翼地進入房間。

兩人雖然年齡差距很大，卻一見如故，談論了很多物理問題。

法拉第擅長實驗，而馬克士威擅長理論，法拉第就鼓勵對方：「你不要光想著解釋我的觀點，而應該創造你自己的東西！」

馬克士威深受感動，他後來發表了富有創新意義的《論物理的力線》，迅速引發了人們的關注，並一躍成為知名的物理學家，這跟法拉第有很大的關係。

第三人是已經作古的卡文迪許。

卡文迪許過世七十年後，馬克士威讀到前者的生前筆記，頓時驚為天人，自動將其當成自己的老師，甚至連自己的課題也不管了，專心致志幫卡文迪許整理筆記，也算是一種奇妙的緣分吧！

在物理學上，馬克士威的貢獻不容小覷，儘管他只活了四十八年，卻用短暫的一生完成了很多研究——

電磁學方面：他建立了經典電磁場理論和光的電磁理論，預言了電磁波的存在。

分子論方面：他算出了分子運動的馬克士威速度分布律，創立了定量色度學。

實驗方面：建立了卡文迪許實驗室，將實驗精度提高了三個數量級；他發明了馬克士威電橋。

後人對他的評價也很高，愛因斯坦就說過：「我之所以能想出相對論，就是源於馬克士威的電磁場方程。」同時他認為，馬克士威的電磁場貢獻是自牛頓以後的物理學最大的成就。

【十萬個為什麼】

剱橋大學是一所怎樣的學校？

劍橋大學是世界名校之一，因地處英格蘭劍橋市而得名，也被簡稱為劍橋，它是英語世界中第二古老的大學，第一則為牛津大學。劍橋由當初從牛津大學脫離出來的老師建立，加上兩所大學一直爭奪全英最好的大學排名，所以相互間競爭激烈。

劍橋大學由六大學術學院構成，而學術學院又包括了三十一所具體學院。該校是誕生諾貝爾獎得主最多的地方，迄今共產生了九十位，數量驚人。

差點不及格的物理學之父

發現陰影中有亮斑的菲涅耳

每個人都有犯錯的時候，即便他是名人。

每個人也都有對的時候，即便他名不見經傳。

在十九世紀上半葉，法國科學院舉辦一場論文比賽，本意是想發掘青年才俊，為科學界培養優秀人才。

沒想到，組委會的成員們居然收到了一篇前所未聞的論文。

這篇文章來自一個叫菲涅耳的年輕學者，內容講述了光的波動理論。

當時人們仍在「光是粒子還是波」的問題上一頭霧水，菲涅耳堅持橫波觀點，並採用嚴密的數學推理，對光的衍射、偏振等現象進行很有自信的闡述，其初生牛犢不怕虎的精神讓人讚許。

那為何評委會感覺為難呢？因為出現了兩個問題：

一、科學界無法定義光的性質，導致大家都不知道菲涅耳的論文是對是錯。

二、菲涅耳的論文裡有個另類的理論：當光照在一個不透明的圓盤上時，在陰影的中間會出現一個亮斑。陰影中會亮斑，這是令所有人都

深覺匪夷所思的事情。

身為評審委員之一的數學家泊松是牛頓的擁蔓，他堅決支持光的粒子學說，因而在初看到菲涅耳的論文時，他就表現出強烈的不屑一顧。

待看到陰影中出現亮斑的篇章時，泊松氣得把論文一摔，拍著桌子怒斥：「簡直是胡說八道！陰影的中心肯定是最暗的！這篇論文不及格！」

由於泊松的反對，組委會差點讓菲涅耳的論文變為廢稿，好在菲涅耳有一位朋友也是評審，他看不慣這些老學究的武斷，就大聲說：「你們說菲涅耳是錯的，好歹讓他做個試驗證實一下，用事實說話不是更好嗎？」

或許泊松以為菲涅耳籍籍無名，是個不學無術的傢伙，就同意讓對方進行試驗，而菲涅耳在聽說此事後，也信心十足地保證一定能捍衛自己的觀點。

幾天後，菲涅耳的公開實驗到來了。

當天，所有的評審委員都嚴肅地來到現場，此外還有科學院的很多師生，大家都想看看菲涅耳是怎麼出醜的。

出乎所有人意料的是，菲涅耳將光束打在圓盤上之後，圓盤中心真的出現了一個亮斑！

大家都目瞪口呆，口中發出驚呼聲，而泊松和他的支持者又是羞愧又是難以置信，再也不敢多說一句。

菲涅耳。

這個實驗證明了光的波動性，而牛頓的粒

子學說因此進入冰凍期，逐漸失去了擁護者。

在現場的記者興致勃勃地將新聞寫了下來，可惜他們不懂專業知識，竟將亮斑命名為「泊松亮斑」，從此這個奇特的物理現象就一直被這樣命名了。

菲涅耳一戰成名，除了獲得比賽的大獎，還光榮地成為法國科學院的院士。

後來，他的成就越來越大，終於從一個飽受質疑的無名小卒成為頂級的物理學大師，人們都尊稱他為「物理光學之父」。

菲涅耳生於十八世紀末十九世紀初，他和赫茲一樣倒楣，因為壽命都不長，都只活了三十幾歲。

不過菲涅耳從小體弱多病，所以他的早逝也許是上天的安排。

儘管健康堪憂，菲涅耳卻擁有過人的才華，他從小數學成績就非常好，大學畢業後又取得土木工程師的文憑，從二十六歲起，他轉而研究光學，並在九年後成為法國科學院院士，三十七歲那年又成為了英國皇家學會的會員。

他在物理學上的成就主要有兩個方面：一、衍射。他發展了惠更斯的衍射原理，創立了惠更斯—菲涅耳原理；二、偏振。他發現了光的圓偏振和橢圓偏振現象。

此外，他還推導出能反映折射和反射定律的菲涅耳公式，並奠定了晶體光學的基礎。

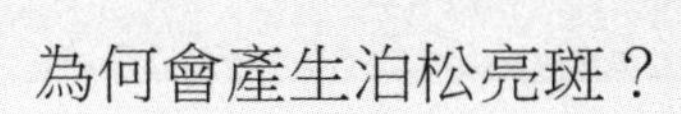

為何會產生泊松亮斑？

其實泊松亮斑是有條件的：一、需要用單色光照射；二、當螢幕的圓板要小於或等於光源波長。

由於光的衍射，螢幕上會出現環狀的同心圓模樣的陰影條紋，至於為什麼會產生亮斑，這是因為光繞過了圓板這個障礙物，發生了不同程度的彎散傳播，而圓板中心是光散射的出發點，因而不會被埋沒在圓板的陰影裡。

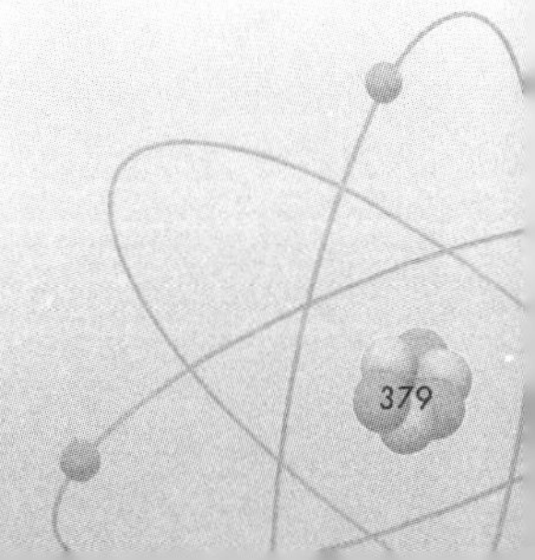

97

輪椅上的巨人

身殘志堅的霍金

霍金。

愛因斯坦是被全世界熟知的聰明人，但科學家們發現，有些人竟然能比愛因斯坦還聰明，可謂是超級天才了。

這其中的一位就是斯蒂芬·威廉·霍金，而這個人物被眾人皆知的倒不是由於他的聰明才智，而是他那糟糕的身體。

霍金從小熱愛發明，喜歡動手造一些小玩意兒，據說他甚至造出了一台操作簡單的電腦。

後來，他考取了牛津大學，但是由於處在戰後的蕭條時期，他並不用功學習，當然，他的這種狀況是當時年輕人的通病，所以他不覺得自己這樣做有什麼不對的。

有些事情總要等到失去了才後悔莫及。

大三時，霍金突然發現自己沒辦法靈活行動了，他會無緣無故地摔倒，甚至從樓梯上滾落下來。

二十一歲那年，他因摔傷而住進了醫院，才得知自己患上了一種罕

見的疾病——盧伽雷氏症，也就是運動神經細胞萎縮症。

這種病的可怕之處在於能使霍金的全身肌肉都無法動彈，只剩心肺和大腦能夠運轉，但最終，他的身體器官也會失靈，到那一天，也就是霍金生命的終結。醫生認為霍金的壽命只剩下兩年時間了，生命的時鐘瞬間被調得飛快，似乎已然能聽見到指針之間殘酷的「滴答」聲。

霍金感到了急切的緊迫感，他知道自己還有很多事情未做，而之前的太多時間被他浪費掉了！

不行！我一定要抓緊時間啊！他在心中吶喊。

他頑強地生活著，趁著自己還能動彈時努力地工作，許是幸運之神不忍讓他離開人世，他竟然一直活了下來。

八年之後，他徹底坐在了輪椅上，此時他已經成為了一名量子引力學大師，他從未放棄自己的理想，依然對人間充滿著渴望！

雖然寸步難行，但他研究的物對象卻是浩瀚的宇宙，他是一個理論家，不喜歡觀測，但他卻憑藉嚴密的邏輯推理能力獲得了成功。

一九七〇年，他開始思考黑洞的問題。

此時，人們仍舊認為黑洞能吸收一切物質，而不能釋放出任何東西，可是霍金卻在一念之間想到，黑洞應該具有溫度，如果是這樣的話，它必將釋放輻射。三年後，他發表了著名的「霍金輻射」理論，即黑洞會不斷地輻射出X光、γ 射線等，該理論贏得了人們的廣泛支持，並使他獲得了沃爾夫物理獎。

在隨後的新聞發布會上，霍金講述了自己這些年來的感受：「我的手指還能活動，大腦還能思維，我就永遠不會放棄我的理想，因為我始終懷有一顆感恩的心！」

如今霍金只有三根手指能活動，由於他做過氣管手術，所以無法說話，只能透過擬聲器來與人交流。不過，他的成就讓人們忘記了他是一個殘疾人，在人們心中，他是一個坐在輪椅上的巨人。

霍金的貢獻有。

一、提出了宇宙大爆炸奇點、彎曲時空中的量子場、黑洞輻射等一系列宇宙假說。

二、發表了《時間簡史》、《果殼中的宇宙》、《大設計》等一系列學術名著。

他是繼愛因斯坦以後最傑出的物理學家之一，由於一直在鑽研宇宙的奧祕，而被人們稱為「宇宙之王」。

十萬個為什麼

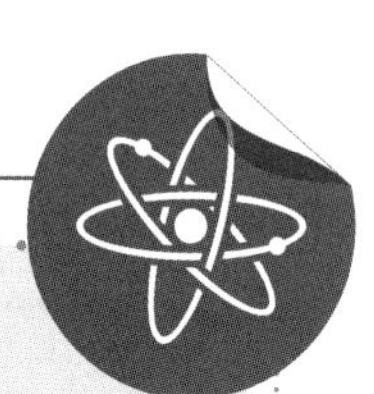

什麼是宇宙大爆炸奇點？

霍金認為，宇宙誕生於一場大爆炸，而爆炸由一個特殊的奇點來實現。這個奇點性質詭異，它密度無限大、壓力無限大、時空無限彎曲。此外，霍金還認為奇點也是恆星的引力塌縮的最終結果。

98

被當成騙子的物理學家

抑鬱的費曼

每個人都有低谷期，當人生的寒冬來臨的時候，可能自己的整個世界都會崩塌，但情商高的人總能咬緊牙關撐過來。

諾貝爾物理學獎得主理查·費曼就曾有過一段消沉時期。

在年輕的時候，他是個高材生，畢業於麻省理工學院，之後又成為普林斯頓大學的研究生。

然後，他開始參與研製原子彈的「曼哈頓計畫」。

費曼。

當時參與這項計畫的都是一些大名鼎鼎的人物，如愛因斯坦、奧本海默、馮·諾依曼等，相較之下，費曼只配當一個端茶倒水的雜工，但他就是這麼幸運，能與那些偉大的學者為伍。

由於年紀太輕，費曼還不知道自己真正想要什麼，他只是覺得曼哈頓計畫是一個非常難得的課題，所以就努力為自己爭取到了這一機會。

而曼哈頓計畫也確實成就了費曼，成為他事業的起點，同時使他結識了一群物理學的前輩，助其拓展了學術圈。

可惜成功來得太早太快，隨之而來的，卻是無盡的痛苦和黑暗。

費曼親眼見到了原子彈爆炸的威力，這讓他的心靈備受譴責，他無法想像如此恐怖的武器一旦用於戰場，將會使多少生靈塗炭，他為此自責不已，心情一下抑鬱起來。

要命的是，他摯愛的妻子也在這個時候因病離開了人世，這對費曼的打擊非常巨大，他覺得人生的支柱一下子崩潰了。

從此，費曼整天渾渾噩噩，再也沒有靈感出現。

好在康奈爾大學對這位原子彈的研發者給予極大的寬容，校方只要求費曼專心教學，而不強迫他拿出科學研究的成果，費曼再抑鬱，也對校方心存感激，他努力調整自己，表現出一副快樂的樣子。

有一次學校舉行舞會，同事邀請費曼參加，費曼本來不想去，無奈大家熱情的慫恿，就只好同意了。

去了舞會難免會跳舞，於是費曼就懶洋洋地跟一個女學生跳起來。

這個女學生長得還挺漂亮，也挺自信，她本以為費曼會對自己獻殷勤，誰知對方總是一副無精打采的模樣，令她心中甚為不滿。

最後，女生先挑起話題。

由於費曼很年輕，女生就問他：「你幾年級的？」

費曼一愣，木然地回答：「我是教授。」

女生暗罵費曼撒謊，就譏諷道：「喲，還教授呢！你是不是做過原子彈啊？」

這下費曼以為自己碰到知音了，他的表情裡總算有了一絲驚訝:「妳怎麼知道的？」

女生忍無可忍，對著他喝道：「騙子！」然後揚長而去。

費曼又鬱悶了，他不知自己明明在說實話，為何還要被別人當成騙子。

後來，費曼意識到不能再讓灰暗的情緒持續下去，他決定轉移自己的注意力。

一天，他看到一個餐廳服務生拋起了一個盤子，他就逼自己給出一個公式，來證明盤子的轉動與擺動角度之間的關係。

他成功了，同時也終於知道要按照自己的興趣去研究物理，而非追名逐利。

有勇氣追逐夢想的人，最後也能得到豐厚的回報，他轉而鑽研起量子電動力學，並獲得了一九六五年的諾貝爾獎。

年輕時的費曼非常英俊，足以讓他當電影明星，而他在文藝方面也確實有天賦，他發現了呼麥這一演唱技法，還一直想去呼麥的發祥地圖瓦，可惜最後計畫擱淺了。

費曼專注於電動力學的研究，他提出了一系列基礎理論、推導方法，促進了電動力學的發展進程。

此外，他還建立了解決液態氦超流體現象的數學理論，同時還為元素衰變做出了奠基性的工作，在夸克模型的理論發展方面，他也發揮了重要的作用。

【十萬個為什麼】

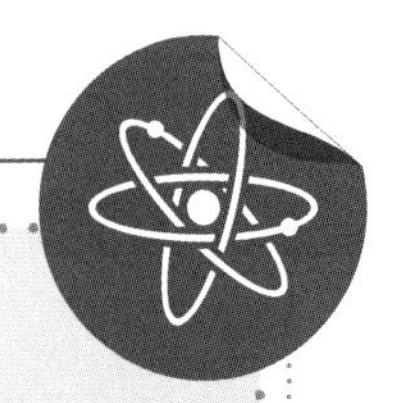

什麼是呼麥？

呼麥是蒙古族特有的表演形式，也被稱為「蒙古喉音」。

呼麥藝術家在表演時，喉部緊縮而發出具有金屬質地般的聲音，所以他們能同時發出兩種聲音。

如今呼麥已有上千年的歷史了，是蒙古國、俄羅斯圖瓦共和國的國寶級藝術，也是世界非物質文化遺產之一。

99

為事業做一世負心人

兩彈一星功臣鄧稼先

綜觀中外，國外的物理學家有很多，而中國的集大成者則數量較少。

鄧稼先。

其實在中國近代以後，也出現了不少舉世矚目的大師，如獲得諾貝爾獎的楊振寧與李政道、差點獲得諾貝爾獎的趙忠堯，還有一位雖未與國際大獎沾邊，卻對中國貢獻卓著的名家，他就是鄧稼先。

鄧稼先被譽為「兩彈一星」的元勳。兩彈，指的是原子彈和氫彈；一星，指的是人造衛星，可知鄧稼先的才華確實過人。

與許多華裔物理學家的軌跡一樣，鄧稼先也曾留學歐美，因為國外有著先進的物理學知識和技術，對自己的成長是極為有利的。

由於師從研究核子物理的荷蘭人德爾．哈爾，鄧稼先也涉足了核子物理學，從而就有了之後的故事。

一九四九年，中華人民共和國成立，鄧稼先始終惦念著祖國，就於第二年放棄了國外的優渥條件，回到國內。那一年，他二十六歲。

八年後，中國欲研製原子彈，便找來了鄧稼先。

早在十幾年前，美國就已經擁有了原子彈，並且在二十世紀五〇年代初，又擁有了氫彈。

隨後，前蘇聯緊跟其後，也將「兩彈」一網打盡，做為兩頭都不討好的中國，自然也不能居於人後。

鄧稼先收到中科院的指示後，又是興奮又是躊躇，他步履沉重地回到家，沒跟妻子許鹿希透露消息，但是面對著妻子和孩子，他的眼底仍藏不住一絲哀傷。

到了深夜，他輾轉反側，始終無法安眠。

敏感的妻子察覺出丈夫的變化，就追問原因。

鄧稼先嘆息著，說自己要去很遠的地方工作，甚至不能跟家人通信，這讓妻子的心中突然充滿了恐懼，她嚶嚶地哭起來。

為了不讓妻子難過，鄧稼先開始跟妻子談心，他談到了在戰爭年代祖國是如何遭受敵人的蹂躪，而自己不想再讓這種情況發生。

忽然之間，他也想明白了，與家人的分離在所難免，自己的理想也必須得實現，就做一世負心人吧！

於是，他的語氣突然變得堅定了：「我已經做好準備，將未來的生命獻給工作了！做好了這件事，我死也值得！」

妻子知道丈夫心意已決，也不好再多說什麼，就含淚睡覺了。

第二天，不喜歡拍照的鄧稼先與家人照了一張全家福，這是他留給

家人最後的紀念。

到了第三天，他就走了，彷彿一夕之間消失得乾乾淨淨。

在此後的二十八年裡，夫妻兩人聚少離多，而且丈夫的行蹤也不能提前通知，親戚朋友也不能隨意來家裡做客。

鄧稼先的妻子——許鹿希回憶起這段婚姻時，不由得無限唏噓，但做為那個年代的人，她與丈夫也只能如此，在時代的洪流中，誰都不是自由的。

撇開婚姻來說，鄧稼先對中國的貢獻還是相當值得稱頌的。

二十世紀六〇年代初，正值中國三年自然災害期間，這是所有中國人最艱難的時刻，鄧稼先和他的團隊卻毅然克服困難，於一九六四年引爆了中國的第一顆原子彈。

兩年後，第一顆氫彈又引爆成功，這顆氫彈的研發只用了兩年零八個月，而國外耗時最短的前蘇聯也用了六年三個月，展現出中國人的聰明才華。

後來，原籍中國、後入籍美國的物理學家——楊振寧在回國探親時，第一個想見的人就是鄧稼先，然而由於政治原因，兩人未能見面，但他們有來往書信，英雄惜英雄，學術無邊界，兩人的心意大概是相通的吧！

十萬個為什麼

中國第一顆原子彈是怎麼研製成功的？

當年中國是與前蘇聯一起製造原子彈的，但前蘇聯在一夜之間將專家撤走，扔給中國一堆廢銅爛鐵，使原子彈的進程受到極大阻礙。

想造原子彈，首先得解決原料問題，物理學家王明健採用土法鍊油的簡單方法，從礦石中提取出了重油酸銨，終於解決了這一難題，就在原料提取出的三年後，中國第一顆原子彈研製成功了。

100

受益終生的師生緣

「中國的居里夫人」吳健雄

世界第一枚諾貝爾獎章誕生於一九〇一年。

世界第一個獲得諾貝爾獎的女科學家為居里夫人，她的獲獎時間為一九一一年。

雖然看起來，女性在科學界也能撐起半邊天，但實則女性成功者遠不及男性，且所受的挑戰和壓力要大很多，如居里夫人，她第一次拿獎就受到了另一位獲獎者貝克勒的百般阻撓。

不過令人欣慰的是，如今有越來越多的女科學家崛起了，並作出巨大的成就。

這其中就有一位來自中國，且被稱為「中國的居里夫人」，她就是祖籍江蘇的吳健雄。

吳健雄有另一個外號，叫「核子物理女王」，她在二十世紀四〇年代留學美國，也參與了「曼哈頓計畫」。

綜觀吳健雄一生，她是十分幸運的，因為她從小就在一個非常開明的環境中長大，父親愛好無線電，將科學的種子播撒進了吳健雄的心田，之後又讓女兒讀書並留學，給予了吳健雄不斷攀升的機會。

從一個農村孩子到一個舉世聞名的女物理學家，吳健雄一路也遇到了不少恩師。

當她來到美國後，美國原子彈之父、曼哈頓計畫的負責人奧本海默對吳健雄讚賞有加，而諾貝爾獎得主賽格瑞也對她十分厚愛。

本來吳健雄和賽格瑞一起發現了惰性氣體「氙」，賽格瑞卻刪去了自己的名字，讓吳健雄獨享榮譽，此舉成為了科學界的佳話。

在這些老師中，吳健雄最欽佩，也是最讓她受益終生的，則是胡適先生。

胡適並非理科老師，但他的文章卻對少女時代的吳健雄有著重要的啟蒙作用，胡適鼓勵女性走出舊時代的桎梏，讓年輕的吳健雄大開眼界。

後來，吳健雄入上海中國公學讀書，正式拜讀在胡適門下，當時她的心情可以說是非常激動的。

吳健雄（右）上世紀三〇年代初與著名思想家胡適合影。

一開始，胡適並不認識吳健雄，但在一次考試後，他卻深刻地記住了這個清秀聰明的女學生。

那天，考的是清朝三百年思想史，吳健雄第一個交卷，且見解獨到，胡適又驚又喜，為自己有這樣的學生而驕傲。

胡適對吳健雄關懷備至，且經常勉勵她。

他不諱言，與吳健雄的師生情是他這

輩子最得意最自豪的事情。

有一次，胡適去國外旅遊，看到英國物理學家拉塞福的書信集，就想起了吳健雄，因而買下給她，後來他去美國哈佛演講，也特地前往伯克萊與她長談，讓吳健雄受寵若驚。

談及自己的成就，吳健雄始終謙虛地說：「我並未做出什麼成果，不過是遵照胡適先生的話——『大膽假設，小心求證』去做罷了。」

一九六一年二月二十四日，這對師生又在臺北中研院見面，孰料這是他們最後一次相見。

當天，胡適發表完講話，微笑著請吳健雄演講，吳健雄笑著回絕了恩師，因為已經推舉了他人演講。

隨後，胡適請院士們用點心，誰知他突然雙目圓瞪，臉色蒼白，隨後仰面向地上倒去。

翌日，吳健雄再見到恩師，已是天人永隔。

她憶及多年的情份，悲傷之情難以自制。

三年後，吳健雄與丈夫再赴臺悼念胡適，將胡適於一九三六年給她的一封信交給了胡適夫人，而這封信，吳健雄足足珍藏了二十九年。

至此，一段持續了三十九年的師生情誼，在無限的哀痛中就此畫上了句號。

在美國，吳健雄師從著名的「毒舌」專家包立，丈夫則是袁世凱次子袁克文的兒子袁家騮，夫妻兩人同為物理學家。

吳健雄賢淑典雅，才貌雙絕，她於一九七五年成為美國第一任物理學會女會長，其才情傾倒了眾人。

吳健雄在物理學上的成就有：

一、進行了一系列 β 衰變實驗，並得出了很多重要結論。

二、證明了電子湮滅後會生成光量子。

三、在 μ 子、介子和反質子方面亦有很多研究。

四、測量了穆斯堡爾效應的結果。

五、開發、改造了多種核輻射測試器，對核反應的研究貢獻卓著。

【十萬個為什麼】

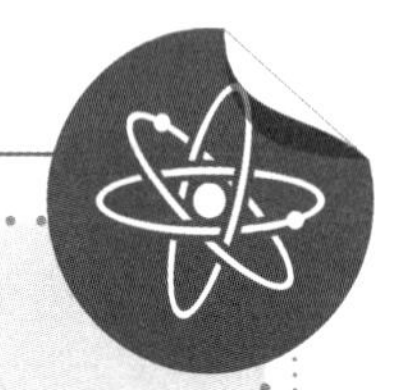

什麼是穆斯堡爾效應？

此效應即為：原子核輻射的無反衝共振吸收。具體來說，就是一個原子核發生了變化，它放出了一個 γ 射線的光子，然後這個光子遇到了另一個相同的原子核，便宛如找到「前任」的感覺，一頭紮進去，又被吸引了。

當然，這只是理想狀態下的現象，真正要實現起來是很困難的，而在氣體和不太黏稠的液體中，科學家們至今為止都沒有發現穆斯堡爾效應。

國家圖書館出版品預行編目資料

一本書讀懂物理Physics / 林珊著.
－－第一版－－臺北市：知青頻道出版；
紅螞蟻圖書發行，2018.11
面 ； 公分－－(TALE；27)
ISBN 978-986-488-200-7（平裝）

1.物理學 2.通俗作品

330 107018877

TALE 27

一本書讀懂物理Physics

作　　者／林珊
發 行 人／賴秀珍
總 編 輯／何南輝
責任編輯／韓顯赫
校　　對／鍾佳穎、周英嬌、賴依蓮
封面設計／引子設計
出　　版／知青頻道出版有限公司
發　　行／紅螞蟻圖書有限公司
地　　址／台北市內湖區舊宗路二段121巷19號（紅螞蟻資訊大樓）
網　　站／www.e-redant.com
郵撥帳號／1604621-1 紅螞蟻圖書有限公司
電　　話／(02)2795-3656（代表號）
傳　　真／(02)2795-4100
登 記 證／局版北市業字第796號
法律顧問／許晏賓律師
印 刷 廠／卡樂彩色製版印刷有限公司
出版日期／2018年 11 月 第一版第一刷

定價 350 元　港幣 117 元

ISBN 978-986-488-200-7　Printed in Taiwan